읽자마자 개념과 원리가 보이는
수학 공식 사전

읽자마자 개념과 원리가 보이는

수학 공식 사전

수학의 숨은 재미와 의미를 알려주는 핵심 수식 49

요코야마 아스키 지음 | 강태욱 옮김

보누스

사람마다 수학을 접하는 방식은 다양합니다. 특히 요즘 수학은 업무에 활용할 목적뿐 아니라 교양이나 취미 목적으로 배우는 사람도 늘어난 듯합니다. 저는 일본에서 '수학하는 형(数学のお兄さん)'이라는 이름으로 수학의 즐거움을 전하는 활동을 하고 있는데, 특히 최근에는 부쩍 수학을 다시 배우고 싶어 하는 성인을 대상으로 한 강의를 자주 접하게 됩니다. 수학의 인기가 많아진 것을 느낍니다.

업무적으로도 수학의 중요성이 높아지면서 수학이 주는 영향도 커졌습니다. 그 영향으로 '수학에 관심이 있지만 어렵다는 인식 때문에 껄끄럽게 느껴진다', '시간과 계기가 있다면 다시 배울 것 같다', '적어도 아이에게는 수학을 배울 환경을 꼭 만들어주고 싶다'라고 생각하는 사람이 아주 많아지지 않았나 싶습니다.

아이부터 어른에 이르기까지 수많은 사람이 수학을 대하는 모습을 직접 보고 느낀 바가 있습니다. 바로 수학이 좋다고 생각하는 사람과 껄끄럽다고 생각하는 사람은 단지 '그래, 바로 이거야!'리는 쾌감을 느낀 경험이 있는지 없는지의 차이일 뿐이라는 것입니다. 바로 이 경험이 수학에 눈을 뜨게 하고, 재미를 느껴 몰입하면서 수학을 향한 호기심을 키웁니다.

이 책은 수학의 근간을 이루며 수학 그 자체라고 불러도 무방한 수식(공식)에 초점을 맞추었습니다. 수식의 이해를 통해 수학의 재미, 아름다움, 훌륭함을 느끼기를 바라는 마음으로 책을 썼습니다.

수학도 분야가 다양합니다. 대수학, 기하학, 해석학, 통계학 등 전문 분야로 나누기도 하고 계산, 도형 등 일반적인 용어를 기준으로 나누기도 합니다. 그러나 각 분야는 완전히 독립된 것이 아니라 서로 깊게 연관되어 있고 분명한 실체가 존재합니다. 이 연관성과 실체를 정확히 표현해서 사람에게 깊은 깨달음을 주는 근간이 바로 '수식'이라는 언어이고, 이것이 곧 인류의 과학 인프라라고 생각합니다.

이번에는 수식의 재미와 중요성은 물론 역사적 배경 및 일상생활과의 연관성, 놀라울 정도로 아름다운 성질, 제 경험까지 참고해서 꼭 알아야 할 수식 49종을 엄선했습니다.

초등학교 저학년 아이도 직관적으로 이해할 수 있는 자연수와 덧셈만으로 나타낸 수식부터 대학교 수학을 이해하면 더욱 재미있어지는 수식까지, 항목 하나하나를 최대한 나누어 읽을 수 있는 형식으로 정리했습니다. 쉽게 말해 술술 읽을 수 있는 '잡학 수학' 같은 책이라고 할 수도 있습니다. 물론 순서대로 읽어도 이해하기 쉽지만, 목차를 보고 관심이 생기는 수식부터 읽어도 좋습니다. 다양한 관점으로 책을 읽다 보면 수식과 수학의 재미를 경험할 수 있을 것입니다.

미래에 더욱 깊게 수학을 배울 학생에게는 '앞으로 이런 수식을 배우게 되는구나'라고 미리 접하는 책으로, 수학을 다시 배우려는 사람에게는 '예전에 무심코 보았던 수식에 이런 의미가 있었구나'라고 재발견하는 책으로 활용되었으면 하는 바람입니다. 대학에서 수학을 배우는 사람도 '이런 시각으로 볼 수가 있었구나', '이런 수식도 있었구나' 하고 새롭게 느낄만한 수식도 다룹니다. 이 책이 앞서 말한 대로 수학에 흥미를 붙이게 되는 결정적 차이, 즉 '그렇구나, 그런 거였어!'라는 쾌감을 경험하는 계기가 된다면 너무나 기쁠 것입니다.

차 례

머리말
5

공식은 아름답다

자연수의 합
더하면 아름다운 도형이 된다
16

분수의 합의 극한
무한합의 본질을 한눈에 이해한다
19

피타고라스 정리
훨씬 다양하게 증명할 수 있다
24

원의 방정식
원뿔에 존재하는 곡선을 그린다
29

헤론의 공식
삼각형의 변의 길이로 면적을 밝힌다
34

오일러의 다면체 정리
입체에 신비한 식이 숨어 있다
40

황금비
절묘한 균형이 미를 상징한다
45

피보나치 수열
자연의 수열이 가장 아름답다
48

이항정리
파스칼과 피보나치가 숨어 있다
52

제곱근의 연분수 전개
무리수를 유리수로 표현할 수 있다
57

다중 근호
근호가 무한으로 이어진다
63

오일러 등식
불변하는 '세상에서 가장 아름다운 식'
68

공식은 재미있다

부분분수분해
마치 도미노를 쓰러뜨리는 것처럼 상쾌하다
74

자연수와 무한소수
1과 0.999…는 정말 같을까?
79

곱셈의 전개식
계산과 그림이 마법처럼 일치한다
85

자연수 거듭제곱의 합
식의 비밀을 도형으로 파악한다
89

완전한 소수
끝없이 이어지지만 너무나 깔끔하다
95

세제곱의 합
규칙성이 끝까지 보존된다
100

홀수의 합
홀수이지만 안정적이고 조화롭다
104

순환수
같은 수가 돌고 돈다
107

대칭성이 있는 곱셈
대칭성의 출처는 어디일까?
109

자연수의 분해
나만의 수식을 찾아보자
112

뮌히하우젠 수
우연일까, 운명일까?
116

무량대수
거대한 수도 의외로 작게 느껴진다
120

하노이의 탑
무한은 바로 옆에 있다
123

하트 방정식
간단한 식으로 사랑스러운 모양을 만들어낸다
127

카테너리 곡선
포물선과 비슷하지만 다르다
132

3장
공식은 훌륭하다

복리계산식
아인슈타인은 이렇게 말했다
138

확률의 식
확률을 계산하면 놀라운 사실이 모습을 드러낸다
144

분산과 표준편차
통계는 기초가 중요하다
148

근의 공식
오차방정식 이상은 공식이 없다
153

코사인 법칙
변의 길이와 각도의 관계를 밝힌다
158

덧셈정리
배각, 반각의 정리를 도출한다
162

샌드위치 정리
원주율도 이 원리로 계산한다
165

도함수의 식
미분의 본질을 정의한다
169

로피탈의 정리
함수의 극한 계산에서 절대적인 효과를 발휘한다
172

포물선의 면적
함수의 면적을 적분으로 도출한다
175

페르마의 소정리
이름은 '소'지만 막대한 공헌을 한다
179

제타 함수
신비한 수학의 세계로 진입한다
183

테일러 급수
함수를 전개하면 깊은 진리에 다가선다
188

운동 방정식
운동이란 무엇이고 힘이란 무엇일까?
192

맥스웰 방정식
전기와 자기는 같은 값이다
195

공식은 위대하다

소수 정리
깊고 깊은 소수의 존재 비율
202

택시 수
신의 계시를 받은 수학자가 있다
206

완전수
고대부터 사람들을 완벽하게 매료했다
210

페르마의 마지막 정리
드디어 궁극의 정리가 증명되었다
213

세제곱수 3개의 합
수의 여행은 끝나지 않는다
216

리만 가설
물리학과 수학을 관통하는 세기의 미해결 문제
218

ABC 추측
하나의 부등식이 수많은 난문을 증명한다
222

공식 모아보기
225

1장

공식은
아름답다

더하면 아름다운 도형이 된다

$$1+2=3$$
$$4+5+6=7+8$$
$$9+10+11+12=13+14+15$$

자연수를 나열하기만 해도 아름다운 공식이 만들어진다는 사실을 알고 있나요? 1부터 연속하는 두 자연수를 더하면 다음 자연수가되고, 그다음 연속하는 세 자연수를 더하면 또 다음으로 이어지는 두자연수의 합이 됩니다. 이런 식으로 좌변과 우변 항의 개수 차이가1이 되는 식이 연속해서 나타나지요. 어떻게 이런 공식이 성립할 수있을까요?

위 식을 자세히 보면 가장 왼쪽 항이 1, 4, 9로 제곱수(정수의 제곱이 되는 수)에 해당한다는 것을 알 수 있습니다. 두 번째 식과 세 번째 식을 예로 들면 $4=2+2$, $9=3+3+3$이 됩니다.

$$\underline{2+2}+5+6=7+8$$

$$\underline{3+3+3}+10+11+12=13+14+15$$

따라서 이렇게 바꿔 나타낼 수 있습니다. 위 식에서는 2개의 2에 5, 6을 각각 더하면 7, 8이 되고, 아래의 식에서는 3개의 3에 각각 10, 11, 12를 더하면 13, 14, 15가 됩니다. 결론적으로 우변과 같은 식이 된다는 사실을 알 수 있습니다.

그렇다면 문자를 사용해서 더 일반적인 식으로 나타내 보겠습니다. 이 식에서 가장 왼쪽에 있는 항을 $a \times a$의 제곱근으로 나타내면,

$$(a \times a) + (a \times a + 1) + (a \times a + 2) + \cdots + (a \times a + a)$$

$$= (a \times a + a + 1) + (a \times a + a + 2) + \cdots + (a \times a + a + a)$$

이렇게 나타낼 수 있습니다. 좌변의 각 항의 수는 전부 $(a+1)$개, 우변의 각 항의 수는 전부 a개입니다. 여기에서 가장 왼쪽에 있는 항을 $(a \times a) = (a + a + a + \cdots + a)$로 변형한 다음 나머지 항에 이 a들을 하나씩 옮겨 더하면,

$$(a \times a + a + 1) + (a \times a + a + 2) + \cdots + (a \times a + a + a)$$

좌변은 이렇게 됩니다. 이 식은 우변과 완전히 동일한 식입니다.

수식 중에는 이처럼 식을 변형했을 때 숨겨진 아름다운 법칙성이 나타나는 것도 있습니다.

그 밖에도 원래 식에서 다양한 발견을 할 수 있습니다. 예를 들면 구구단도 다음과 같이 나타나 있습니다.

왼쪽 끝, 가운데, 오른쪽 끝에 있는 같은 구구단 수의 곱셈

(수식 예시)

$$\underset{1\times1}{1} + \underset{1\times2}{2} = \underset{1\times3}{3}$$

$$\underset{2\times2}{4} + 5 + \underset{2\times3}{6} = 7 + \underset{2\times4}{8}$$

$$\underset{3\times3}{9} + 10 + 11 + \underset{3\times4}{12} = 13 + 14 + \underset{3\times5}{15}$$

$$\underset{4\times4}{16} + 17 + 18 + 19 + \underset{4\times5}{20} = 21 + 22 + 23 + \underset{4\times6}{24}$$

$$\underset{5\times5}{25} + 26 + 27 + 28 + 29 + \underset{5\times6}{30} = 31 + 32 + 33 + 34 + \underset{5\times7}{35}$$

$$\vdots$$

잘 살펴보면 다른 특징을 발견하게 될지도 모릅니다. 이 공식은 누가 보더라도 직감적으로 아름다움을 느낄 수 있는 식이라고 할 수 있습니다. 정확하게 증명하기는 어려워도 수식이 성립하는 이유를 감각적으로 파악할 수 있고, 증명을 통해 수식을 이해했을 때 쾌감도 느낄 수 있으므로 수학에 흥미를 붙이게 해줄 식으로 추천합니다.

무한합의 본질을
한눈에 이해한다

$$\frac{1}{2} + \frac{1}{4} + \frac{1}{8} + \frac{1}{16} + \cdots = 1$$

무한이 등장하는 식은 언제나 신비롭게 느껴집니다. 이 식은 점점 작아지는 분수를 무한으로 더하면 일정한 수에 수렴한다는 것을 나타내는 대표적인 예시입니다. 무한으로 더하는 것을 의미하는 '⋯' 대신, 합을 도중에 끊었을 때 어떤 수가 되는지 직접 확인해 보면 직감적으로 1에 가까워진다는 사실을 이해할 수 있습니다.

$$\frac{1}{2} + \frac{1}{4} + \frac{1}{8} = \frac{7}{8} = 0.875$$

$$\frac{1}{2} + \frac{1}{4} + \frac{1}{8} + \frac{1}{16} = \frac{15}{16} = 0.9375$$

$$\frac{1}{2} + \frac{1}{4} + \frac{1}{8} + \frac{1}{16} + \frac{1}{32} = \frac{31}{32} = 0.96875$$

하지만 이렇게 항을 늘리며 더하더라도 값이 딱 1로 나오지는 않습니다. 예를 들어 100개의 항을 더한 값은 다음과 같습니다.

0.99999999999999999999999999999211139094778988
194588271434717213⋯

소수점 30자리까지는 9가 계속되지만, 그 이후로는 9가 아닌 숫자도 나옵니다. 이대로 계속 합의 값을 구해도 1이 된다는 것을 증명하지는 못합니다. 따라서 여기서는 '수열의 극한'이라는 방법을 사용합니다. 극한이란 무한으로 끝없이 향할 때 식이 도달하는 값입니다. 등비수열의 합 S_n은 첫째 항을 a, 공비(각 항 사이의 비)를 r, 항의 수를 n이라고 할 때 아래와 같은 수식으로 나타낼 수 있습니다.

$$S_n = \frac{a(1-r^n)}{1-r}$$

현재 첫째 항은 $\frac{1}{2}$, 공비는 $\frac{1}{2}$, 항의 수는 n이므로 이를 식에 대입해 보면 아래와 같이 쓸 수 있습니다.

$$S_n = \frac{\frac{1}{2}\left(1-\left(\frac{1}{2}\right)^n\right)}{1-\frac{1}{2}} = 1-\left(\frac{1}{2}\right)^n$$

원래 식은 항을 무한으로 더하는 것입니다. 따라서 항의 수 n을 무한으로 보내 극한을 구해보겠습니다.

$$\lim_{n \to \infty} S_n = 1 - 0 = 1$$

여기서 말하는 극한은 n이 한없이 무한대에 가까워질 때 식이 도달하는 값이라고 생각하면 됩니다. 그러면 2^n의 값이 무한으로 커지므로 $\frac{1}{2^n}$이라는 항은 0에 가까워지고, 우변은 1로 수렴한다는 것을 알 수 있습니다.

이렇게 수식으로는 증명을 한 셈이지만, 이 식을 다르게 증명하고 이해하는 방법도 있습니다. 바로 '시각적으로 보기'입니다. 다음 그림을 참고해 주세요.

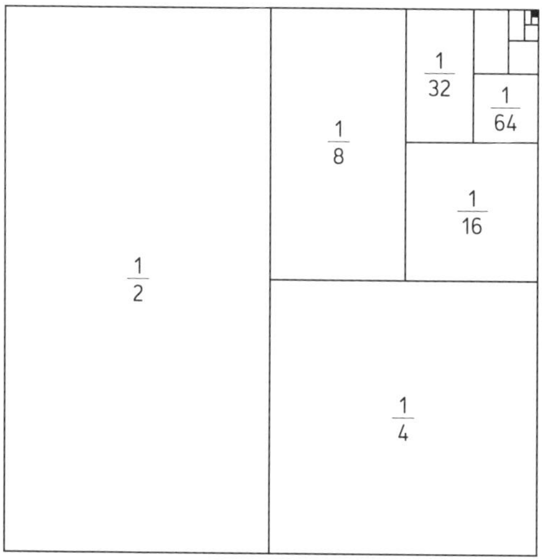

그림으로 보니 어떤가요? 이 그림은 면적 1인 정사각형을 절반으로 나누고, 나눈 것을 다시 절반으로 나누는 작업을 반복한 것입니다. 즉 이 그림은 $\frac{1}{2}+\frac{1}{4}+\frac{1}{8}+\cdots$ 을 시각적으로 표현한 것입니다.

공비가 $\frac{1}{2}$이라는 것은 이전 항의 절반에 해당하는 값을 더한다는 뜻입니다. 이를 시각적으로 표현하면 이렇게 이해하기 쉬운 도형으로 나타낼 수 있습니다. 덧셈을 반복하지만 합이 무한으로 커지지 않고 일정한 값, 여기에서는 전체 정사각형의 면적인 1로 수렴하는 모습을 연상하기 훨씬 쉬워졌습니다.

이와 관련된 주제로 무한에 관한 유명한 역설이 하나 있습니다. '아킬레우스와 거북이'라는 역설인데, 달리기를 잘하는 아킬레우스와 움직이는 속도가 느린 거북이가 경주하는 이야기입니다. 이때 그림과 같이 아킬레우스는 거북이를 뒤쫓는 상황으로 가정합니다.

이러한 상황에서 특정 시간이 지나간 시점이 되면 아킬레우스와 거북이 사이의 거리는 기존보다 딱 절반만큼 줄어들며, 또다시 특정

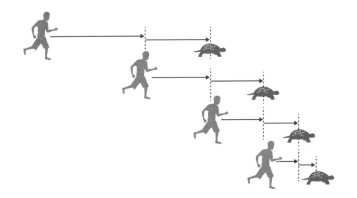

한 시간이 지나면 절반만큼 줄어든 거리의 절반이 줄어듭니다. 이 상황이 계속 반복되면 아킬레우스와 거북이 사이의 거리는 한없이 줄어들지만, 아킬레우스가 뒤쫓는 시간만큼 거북이도 앞으로 나아가기 때문에 아킬레우스는 거북이를 영원히 따라잡을 수 없다는 논리입니다.

사실 이 역설 속에 나오는 '아킬레우스가 뒤쫓은 거리'도 앞선 공식을 활용해 나타낼 수 있습니다. 하지만 이 이야기, 어딘가 이상하게 느껴지지 않나요? 이 역설과 공식에서 $\frac{1}{2}$을 한없이 더하는 과정이 같기 때문에 감각적으로 깨달았을 수도 있습니다. 바로 '아킬레우스와 거북이'의 역설은 $\frac{1}{2}$을 곱한 값을 무한으로 더하고 있지만, 사실은 그 극한값인 '1에 도달하기 전의 상황'을 반복하는 것에 불과하다는 사실입니다.

그리고 하나 더 있습니다. '절반의 거리에 도달하기까지 걸리는 시간'도 점차 절반으로 줄어듭니다. 다시 말하면 이동한 거리도 1, 이동에 걸리는 시간도 1이라는 것을 각각 무한에서 절반에 해당하는 값의 합으로 나타낸 것이 '아킬레우스와 거북이'입니다. 1에 도달할 때까지는 당연히 둘 사이에 거리가 있으므로 따라잡을 수 없는 것이 맞지만, 이 식은 수열을 무한으로 더하는 것이므로 그 값이 1이 됩니다. 따라서 실제로는 아킬레우스가 거북이를 따라잡게 된다는 사실을 알 수 있습니다.

그림을 이용하면 식이 나타내는 진실을 명쾌하게 이해할 수 있다는 좋은 사례입니다.

훨씬 다양하게 증명할 수 있다

$$a^2 + b^2 = c^2$$

피타고라스 정리는 중학교 수학에서 배우는 정리 중 가장 유명한 공식일 것입니다. 이 정리는 아주 오래전부터 존재했습니다. 기원전 1800년경 고바빌로니아의 점토판에 그려진 수가 피타고라스 정리를 가리키는 것이 아니냐는 연구도 진행될 정도입니다.

피타고라스는 기원전 6세기에 태어났으므로 피타고라스가 태어나기 전부터 이 정리가 존재했을 것이라 보고 있습니다. 피타고라스가 직접 발견했는지 다른 사람에게 들었는지는 정확하지 않지만, 피타고라스가 이끄는 피타고라스학파 안에서도 이 정리는 매우 중요하게 취급되었습니다. 발견을 기념하는 성대한 축제를 벌였다는 이야기도 있습니다.

피타고라스 정리는 도형으로 나타내 보면 명쾌합니다. C를 직각으로 하는 직각삼각형 ABC에서의 변 a, b, c를 생각하면 다음과 같은 식이 성립합니다.

$$a^2 + b^2 = c^2$$

다시 말해 직각삼각형의 변의 길이가 정사각형인 모습을 생각하면, 다음 그림처럼 정사각형의 면적으로 피타고라스 정리를 이해할 수 있습니다.

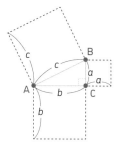

피타고라스 정리의 매력은 도형으로 나타내면 이해하기 쉬워진다는 점도 있지만 진짜 매력은 따로 있습니다.

첫 번째 매력은 증명하는 방법이 아주 많다는 점입니다. 발견된 것만 해도 무려 수백 가지가 넘습니다. 닮음을 이용한 증명, 커다란 정사각형을 이용한 증명, 삼각비를 이용하는 증명 등 방식도 아주 다양합니다. 여기서는 증명 방법 중 2가지를 소개하겠습니다.

다음과 같이 직각삼각형의 세 변이 a, b, c이며 한 변이 $a+b$인 정사각형이 있다고 할 때, 커다란 정사각형 하나의 면적 또는 직각삼각형 4개와 작은 정사각형 1개의 면적으로 표현할 수 있으며 두 면적이 같다는 사실을 알 수 있습니다. 각 수식을 나타내 보겠습니다.

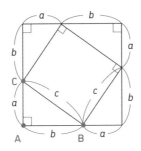

$$(a+b)^2 = c^2 + \frac{1}{2}ab \times 4$$

$$a^2 + b^2 + 2ab = c^2 + 2ab$$

$$a^2 + b^2 = c^2$$

이처럼 깔끔하게 피타고라스 정리를 나타낼 수 있습니다.

다음으로 27쪽 그림과 같이 한 변이 c인 정사각형을 분할해서 생각하는 방법을 알아보겠습니다. 이 정사각형은 그림처럼 분할할 수 있으며 중앙에 있는 작은 정사각형의 변은 $b-a$입니다. 식으로 나타내면 다음과 같습니다.

$$c^2 = \frac{1}{2}ab \times 4 + (b-a)^2$$
$$c^2 = a^2 + b^2$$

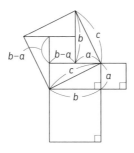

이번에 소개한 것은 정사각형을 이용하는 비교적 쉬운 방법이지만, 그 밖에도 원이나 닮음, 적분, 벡터 등을 이용하는 다양한 증명 방법이 있으므로 이를 찾아보는 과정도 재미있습니다.

피타고라스 정리의 또 다른 매력은 피타고라스 정리의 조건을 충족하는 세 수의 조합에 있습니다. 이 조합을 만족하는 세 수를 '피타고라스 세 쌍'이라고 부릅니다. 피타고라스 세 쌍을 자연수로 가정한다면 경우의 수는 무한히 존재합니다.

사실 가장 유명한 조합인 (3, 4, 5)에서 각 수의 배수인 (6, 8, 10)도 피타고라스 정리가 성립하므로 당연한 이야기처럼 들립니다. 그러나 이렇게 단순 배수로 만들어지는 세 수를 제외하고, (3, 4, 5)나 (5, 12, 13)처럼 서로소인 피타고라스 세 쌍(이를 원시 피타고라스 세 쌍이라고 부르기도 합니다.)만으로 좁혀도 이 조합이 무한하게 존재합니다. 놀랍지 않나요? 증명 방법을 생각해 봅시다.

자연수의 조합 (a, b, c)에 대해서 아래와 같은 경우를 생각해 봅시다.

$$(a, b, c) = \left(\frac{n^2-1}{2}, n, \frac{n^2+1}{2} \right)$$

이 조합이 피타고라스 세 쌍이라고 가정한다면 피타고라스 정리를 충족해야 합니다.

$$a^2 + b^2 = \left(\frac{n^2-1}{2} \right)^2 + n^2 = \frac{n^4+2n^2+1}{4} = \left(\frac{n^2+1}{2} \right)^2 = c^2$$

식으로 만들면 이와 같이 피타고라스 정리를 충족하므로 피타고라스 세 쌍이라는 사실을 알 수 있습니다. 또한 n을 3 이상의 홀수로 가정하면 $\left(\frac{n^2-1}{2}, n, \frac{n^2+1}{2} \right)$은 모두 자연수가 되며 n은 무수히 존재하므로 (a, b, c)도 무수히 존재한다는 사실을 알 수 있습니다.

생각보다 간단하지 않나요? 피타고라스 세 쌍의 또 다른 재미있는 특징은 'a 또는 b 또는 c는 4의 배수', 'a 또는 b 또는 c는 3의 배수', 'a 또는 b 또는 c는 5의 배수'라는 점이 있습니다. 간단한 공식이지만 그 안에는 재미있는 성질이 아주 많습니다.

앞서 설명했듯이 잘 알려진 정리라도 그 배경과 주변에 숨겨진 정보를 찾아보면 흥미로운 발견을 할 수 있습니다. 배경에 숨은 진리가 진짜 아름다움이라는 사실은 말할 필요도 없겠죠.

원뿔에 존재하는 곡선을 그린다

$$x^2+y^2=r^2$$

원의 방정식은 위와 같이 나타낼 수 있습니다. 도형으로 의미를 파악하기 쉬운 수식이므로 시각적으로는 아래처럼 표현할 수 있겠지요. 아래 그림처럼 점 P가 xy 좌표 위에 있고, 원점 O로부터의 거리가 r이라고 가정해 보겠습니다. 이러한 점 P가 아주 많이, 모두 모인다고 생각하면 점의 집합으로 원이 만들어집니다.

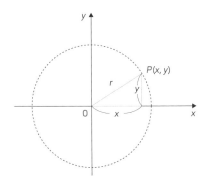

여기에서 x와 y와 r의 관계는 그림처럼 직각삼각형이 존재하므로 피타고라스 정리를 사용할 수 있습니다. 따라서 그 관계성을 나타낸 식이 곧 원의 방정식이라는 것을 알 수 있습니다.

$$x^2 + y^2 = r^2$$

그렇다면 이번에는 이 원의 방정식 일부를 조금 변형해 보겠습니다. 구체적으로는 다음과 같이 바꿉니다.

$$x^2 - y^2 = r^2$$

과연 어떻게 될까요? 이 경우는 쌍곡선이라 불리며 아래 그림과 같은 그래프를 그리는 함수가 됩니다.

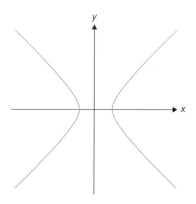

참고로 이 두 곡선은 '이차곡선'과 같은 종류입니다. 그래프 모양으로는 전혀 같은 종류처럼 보이지 않지만, 수식으로 보면 부호가 바뀌었을 뿐이라서 매우 비슷합니다. 이차곡선에서 '이차'는 수식의 지수가 가장 높은 부분이 이차(제곱)라서 붙은 명칭입니다. 여기서 이차곡선이라는 말을 들으니 익숙한 곡선 하나가 떠오르지 않나요?

$$y = x^2$$

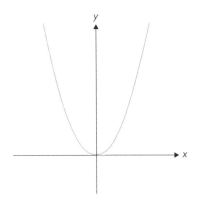

바로 위 식이 나타내는 포물선입니다. 마찬가지로 이차곡선의 한 종류입니다. 다만 앞의 그래프 형태와 비교해 보면 비슷한 점이 별로 없어 보여서 같은 종류로 느끼지 못할 수도 있습니다.

그러나 사실 이 곡선들은 어떤 도형 하나만 있으면 같은 종류라는 사실을 시각적으로 명쾌하게 이해할 수 있습니다. 바로 입체 원뿔입니다. 지금까지 등장한 이차곡선을 나타내는 도형은 이 원뿔을 특정 방향에 맞춰 평면으로 절단했을 때 나타나는 곡선과 일치합니다.

예를 들어 원뿔을 완전히 수평으로 자르면 절단면은 원이 됩니다. 모선과 평행이 되도록 자르면 포물선이 나타나고, 바닥까지 세로 방향으로 자르면 쌍곡선이 나타납니다. 이 사실은 기원전 고대 그리스의 아폴로니오스가 발견한 것입니다.

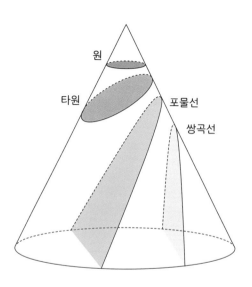

참고로 바닥에 닿지 않도록 사선으로 잘랐을 때의 절단면은 타원이 되며 타원의 식은 아래와 같습니다. a, b가 1일 때는 원이 되고 b가 허수 i일 때는 쌍곡선이 됩니다. 공통점이 느껴지는 식입니다.

$$\frac{x^2}{a^2} + \frac{y^2}{b^2} = 1$$

이런 식으로 원뿔을 잘랐을 때 나오는 단면에 따라 만들어지는 곡선들을 모두 이차곡선이라고 부를 수 있습니다. 또한 이들의 공통점 때문에 앞선 이차식들을 '원뿔곡선'이라고 부르기도 합니다.

삼각형의 변의 길이로
면적을 밝힌다

$$\triangle ABC\text{의 면적 } T\text{는}$$

$$s=\frac{a+b+c}{2}\text{ 라고 한다면}$$

$$T=\sqrt{s(s-a)(s-b)(s-c)}$$

헤론의 공식은 삼각형의 면적을 구할 수 있는 공식입니다. 식을 보면 다소 복잡하게 보이기도 합니다. 전체를 $\sqrt{}$가 감싸고 있으며 그 안에 s라는 기호가 정의되어 있는 점 등이 어려워 보이는 이유일 것입니다. 그러나 이 헤론의 공식 덕분에 편리해진 것이 있습니다. 바로 '세 변의 길이만 알면 삼각형의 면적을 구할 수 있다'라는 점입니다.

초등학생은 처음에 삼각형의 면적 공식을 밑변×높이×$\frac{1}{2}$로 배웁니다. 편리한 식이지만, 삼각형의 높이를 알 수 없는 경우에는 삼각형에서 직각의 위치 하나를 정한 다음 높이를 구해야 합니다.

그러나 헤론의 공식을 사용하면 세 변의 길이만 알아도 이를 공식에 대입해서 면적을 계산할 수 있습니다. 세 변의 길이가 결정되면 삼각형 모양이 하나의 형태로 결정되는 성질, 즉 '합동'이 있으므로 계산이 가능합니다. 이번에는 헤론의 공식을 피타고라스 정리로 증명해 보겠습니다.

그림과 같은 △ABC가 있다고 가정하겠습니다. A, B, C의 대변 BC, CA, AB의 길이를 각각 a, b, c라고 할 때 A에서 변 BC로 그은 수선 AH의 길이를 h, BH의 길이를 d라고 하겠습니다.

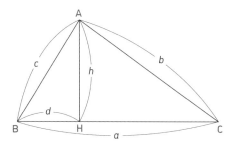

△ABH와 △ACH는 피타고라스 정리로 나타내면 아래와 같습니다.

$$c^2 = h^2 + d^2$$
$$b^2 = h^2 + (a-d)^2$$

두 번째 식을 변형하면 이렇게 나옵니다.

$$h^2 = b^2 - a^2 + 2ad - d^2$$

이를 첫 번째 식에 대입합니다.

$$c^2 = b^2 - a^2 + 2ad$$

$$d = \frac{a^2 - b^2 + c^2}{2a}$$

그리고 다시 첫 번째 식에 대입합니다.

$$c^2 = h^2 + \frac{(a^2 - b^2 + c^2)^2}{4a^2}$$

$$h^2 = c^2 - \frac{(a^2 - b^2 + c^2)^2}{4a^2}$$

$$= \frac{4a^2 c^2 - (a^2 - b^2 + c^2)^2}{4a^2}$$

$$= \frac{(2ac)^2 - (a^2 - b^2 + c^2)^2}{4a^2}$$

$$= \frac{\{2ac + (a^2 - b^2 + c^2)\}\{2ac - (a^2 - b^2 + c^2)\}}{4a^2}$$

$$= \frac{(a^2 + 2ac + c^2 - b^2)(b^2 - a^2 + 2ac - c^2)}{4a^2}$$

$$= \frac{\{(a+c)^2 - b^2\}\{b^2 - (a-c)^2\}}{4a^2}$$

$$= \frac{(a+c+b)(a+c-b)\{b-(a-c)\}\{b+(a-c)\}}{4a^2}$$

$$= \frac{(a+c+b)(a+c-b)(-a+b+c)(a+b-c)}{4a^2}$$

$$= \frac{(a+b+c)(-a+b+c)(a-b+c)(a+b-c)}{4a^2}$$

여기서 $s = \dfrac{a+b+c}{2}$ 라고 할 때,

$$h^2 = \frac{2s(2s-2a)(2s-2b)(2s-2c)}{4a^2}$$

$$= \frac{4}{a^2} s(s-a)(s-b)(s-c)$$

$h > 0$이므로

$$h = \sqrt{\frac{4}{a^2} s(s-a)(s-b)(s-c)}$$

$$= \frac{2}{a}\sqrt{s(s-a)(s-b)(s-c)}$$

따라서 삼각형의 면적 T는

$$T = \frac{a \cdot h}{2}$$

$$= \frac{1}{2} \cdot a \cdot \frac{2}{a}\sqrt{s(s-a)(s-b)(s-c)}$$

$$= \sqrt{s(s-a)(s-b)(s-c)}$$

위와 같은 식이 도출됩니다.

식이 길지만 천천히 따라가면 그리 어려운 내용은 아니니 한번 전개를 따라가보는 것을 추천드립니다.

헤론의 공식을 이용한 또 다른 재미있는 이야기가 있습니다. '세 변과 면적이 모두 정수가 되는 삼각형'을 '헤론의 삼각형'이라고 부릅니다. 이해하기 쉬운 예시를 들자면 삼각형의 변이 각각 3, 4, 5일 때 직각삼각형이 되고, 면적은 6으로 정수가 됩니다. 이러한 삼각형은 무한히 존재하지만 세 변의 길이 차이가 1밖에 나지 않는 삼각형, 즉 겉보기에는 거의 정삼각형으로 보이는 것도 존재합니다. 조금 더 자세히 살펴보겠습니다.

예를 들면 '변의 길이가 723, 724, 725인 삼각형의 면적은 정수 226974이다'를 만족한다고 가정해 보겠습니다. 변의 길이가 정수인 정삼각형의 면적은 반드시 무리수가 포함되므로 정수가 될 일은 없습니다. 하지만 신기하게도 이처럼 길이를 아주 조금만 바꾸면 면적이 정수가 됩니다. 이렇게 '거의 정삼각형'인 헤론의 삼각형은 좀처럼 발견하기 어렵습니다. '거의 정삼각형'이 되는 헤론의 삼각형 중 작은 것은 세 변이 193, 194, 195, 큰 것은 2701, 2702, 2703으로 알려져 있습니다.

723   725

면적 226974

724

그렇다면 정삼각형에 가까운 헤론의 삼각형을 만드는 조합은 어떻게 찾는 것일까요? 자세한 증명은 생략하겠지만 아래와 같은 수열의 점화식이 가진 관계성으로 구할 수 있습니다.

$$a_{n+2}=4a_{n+1}-a_n$$

a_{n+2}, a_{n+1}, a_n은 각각 $n+2$번째, $n+1$번째, n번째 헤론의 삼각형의 변 중 정중앙 길이의 변의 값을 나타냅니다. 이처럼 한 단계 작은 삼각형과 여기서 한 단계 더 작은 삼각형의 변의 길이를 통해 조합을 구할 수 있습니다.

학교 시험에서는 헤론의 공식이 별로 도움이 되지 않는다고 말하기도 하지만, '면적이 정수가 된다'라는 조건을 만족하기만 해도 이렇게 흥미로운 발견을 할 수 있는 식이기도 합니다.

입체에 신비한 식이 숨어 있다

$$V(\text{꼭짓점의 수}) - E(\text{변의 수}) +$$
$$F(\text{면의 수}) = 2$$

구멍이 뚫리지 않은 다면체는 꼭짓점, 변, 면의 수에 대하여 아래와 같은 식이 반드시 성립합니다.

(꼭짓점의 수) − (변의 수) + (면의 수) = 2

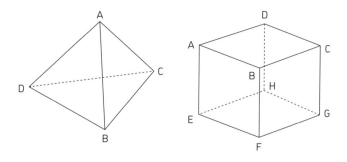

이것을 '오일러의 다면체 정리'라고 합니다. 구체적으로 어떤 것인지 다면체를 통해 살펴보도록 하겠습니다. 예를 들어 40쪽 그림과 같은 사면체가 있다고 하겠습니다. 꼭짓점의 수는 4개, 변의 수는 6개, 면의 수는 4개입니다. 이를 앞선 식에 대입하면 아래와 같이 나오며 정리를 만족합니다.

$$4-6+4=2$$

육면체의 경우 꼭짓점, 변, 면의 수는 각각 8, 12, 6입니다.

$$8-12+6=2$$

마찬가지로 정리를 만족합니다. 참고로 면이 모두 같은 모양일 필요는 없습니다. 예를 들어 축구공처럼 정오각형과 정육각형이 섞인 다면체도 꼭짓점, 변, 면의 수는 60, 90, 32입니다. 따라서 아래와 같은 값이 나옵니다.

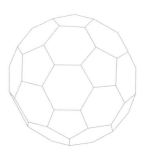

$$60-90+32=2$$

축구공처럼 복잡한 다면체에도 정리가 성립한다는 사실을 알 수 있습니다.

그렇다면 여기서, 세밀하게 할 수는 없겠지만 이 정리를 증명할 방법을 알아보겠습니다. 육면체를 예시로 들겠습니다. 증명 방법은 다음과 같은 단계를 거칩니다.

먼저, 면 하나를 제거해 입체를 평면으로 생각한다는 발상입니다. 이때 그림처럼 그대로 눌러서 평면이 된 도형을 살펴보겠습니다.

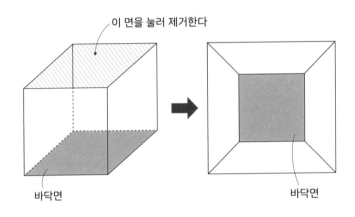

이 면을 눌러 제거한다

바닥면

바닥면

원래 도형과 무엇이 달라졌을까요? 면 하나가 제거되었으므로 면의 수가 줄어들었습니다. 그러나 꼭짓점과 변의 수는 변하지 않았습니다. 따라서,

(꼭짓점의 수) − (변의 수) + (면의 수) = 1 (※)

위 식이 성립한다는 것을 증명하면 됩니다.

다음으로, 평면이 된 도형을 쉽게 이해하기 위해서 '모든 도형을

삼각형으로 분할하기' 작업을 합니다. 즉 사각형에 다음 그림과 같이 대각선을 그어 모두 삼각형으로 만드는 것입니다.

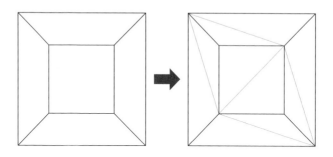

이때 주목해야 할 변화는 '새 변이 생길 때마다 면도 1개씩 늘어난다'라는 점입니다.

여기서 (※)를 주목해 봅시다. 변이 1개 늘어났지만 면도 1개 늘어났으므로 (※)의 관계는 변하지 않고 유지됩니다. 따라서 그림처럼 모든 영역을 삼각형으로 분할해도 (※)가 똑같이 성립한다고 생각하면 된다는 사실을 알 수 있습니다.

다음 단계는 반대로 '삼각형을 하나씩 제거해도 변과 면이 1개씩 줄어드는 것이 전부이므로 (※)의 관계성은 변하지 않는다는 사실을 파악하기'입니다. 이를 통해 만들어진 평면도에서 차례대로 삼각형을 제거해도 된다는 것을 알 수 있습니다.

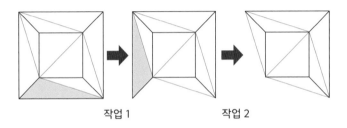

작업 1   작업 2

이 과정을 반복하면 마지막에는 삼각형 하나만 남는다는 사실을 쉽게 알 수 있습니다.

과연 이때도 (※)는 성립할까요?

$$3-3+1=1$$

훌륭하게 성립합니다. 그 결과, 어떤 도형이라도 이 오일러의 다면체 정리가 성립한다는 사실을 알 수 있습니다.

이 간단하고 아름다운 진리는 다면체를 연구한 피타고라스와 유클리드도 발견하지 못한 것으로 알려져 있습니다. 오일러가 이 정리를 발견했을 당시 "놀랍게도 내가 알기로는 그 누구도 입체의 이 일반적인 성질을 깨닫지 못했다"라고 말했다는 이야기도 있습니다. 이 정리를 기점으로 위상수학(토폴로지)이라는 현대 수학의 거대한 분야가 탄생했으니 수식의 여정은 참 장대하기 그지없습니다.

절묘한 균형이 미를 상징한다

$$\varPhi = \frac{1+\sqrt{5}}{2}$$

황금비란 $\frac{1+\sqrt{5}}{2}$: 1로 표현되는 비율을 뜻합니다. $\frac{1+\sqrt{5}}{2}$ 의 값을 φ로 나타내며 $\varphi \fallingdotseq 1.618$의 근삿값을 가집니다.

황금비는 식물이나 조개껍데기 등 자연에서도 다양한 모습으로 발견할 수 있으며, 고대 미술이나 건축물의 모티브에 활용되는 등 오래전부터 가장 아름다운 비율을 의미했습니다.

황금비를 사용하면 재미있는 도형을 그릴 수 있습니다. 예를 들면 다음 그림처럼 가로와 세로 길이의 비가 황금비인 직사각형에서 가장 큰 정사각형을 잘라내면 남은 직사각형의 가로와 세로 길이의 비도 황금비가 됩니다. 이 성질은 가로와 세로 길이가 황금비인 직사각형만 지니고 있습니다. 방정식으로 이를 증명해 보겠습니다.

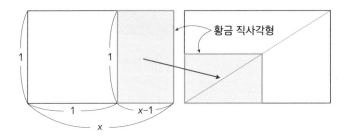

황금 직사각형

가로 길이가 x, 세로 길이가 1인 직사각형에서 한 변의 길이가 1인 정사각형을 잘라냅니다. 남은 직사각형이 원래 직사각형과 닮음이라면 $x:1=1:(x-1)$이 성립합니다. 이 식을 풀면 다음과 같습니다.

$$x^2-x-1=0$$

$$x=\frac{1+\sqrt{5}}{2}=\varphi$$

따라서 이 직사각형의 가로와 세로 길이의 비는 $\frac{1+\sqrt{5}}{2}:1$이 되어 황금비가 나타납니다. 개인적으로는 가로와 세로의 균형이 주는 아름다움도 괜찮지만, 해가 1로 정해지는 것이 주는 아름다움도 좋다고 생각합니다. 여러분은 어떻게 생각하나요?

또한 오각별에도 다음 그림처럼 수많은 황금비가 존재한다는 사실이 알려져 있습니다. 오각별은 피타고라스학파의 상징으로 알려져 있습니다. 피타고라스는 '만물의 근원은 수다'라고 주장했으며, 무리수($\sqrt{2}$나 $\sqrt{5}$처럼 유리수의 분수로 나타낼 수 없는 수)를 발견한 자를 처

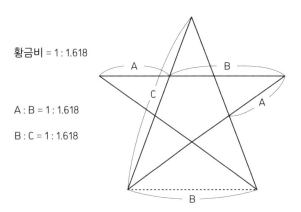

황금비 = 1 : 1.618

A : B = 1 : 1.618

B : C = 1 : 1.618

형했다는 이야기가 나올 정도로 유리수로 깔끔하게 나타낼 수 없는 무리수를 싫어했다고 합니다. 하지만 학파의 상징인 오각별에 무리수인 φ가 잔뜩 존재한다는 점은 참으로 얄궂은 일입니다.

참고로 $1 : \sqrt{2}$로 나타나는 비는 '백은비'라고 부르며 주로 종이 치수에 활용되고 있습니다. 종이 용지에 A4, B5 등의 사이즈가 있는데, 모두 가로와 세로 길이의 비가 백은비를 이루고 있다는 사실을 알고 계시나요? 일상 속에서 더 널리 사용되고 있으므로 황금비보다 백은비가 더 익숙하게 느껴질지도 모릅니다.

자연의 수열이 가장 아름답다

$$F_0=0, \ F_1=1$$
$$F_n+F_{n+1}=F_{n+2}(n\geqq0)$$

피보나치 수열은 아래와 같은 수열을 뜻합니다.

0, 1, 1, 2, 3, 5, 8, 13, 21, 34, 55, 89, …

이 수열에 숨겨진 규칙성은 인접하는 세 수에서 왼쪽 두 수의 합
이 오른쪽 수가 된다는 것입니다. 예를 들어 첫 번째에서 세 번째 수
까지 보면 0+1=1, 세 번째에서 다섯 번째 수까지 보면 1+2=3이
됩니다. 이를 점화식(수열의 항과 항 사이의 관계성을 나타내는 식)으로
표현하면 다음과 같습니다.

$$F_0 = 0, F_1 = 1, F_n + F_{n+1} = F_{n+2} \, (n \geqq 0) \quad (\text{※})$$

F_n은 n번째 수를 나타냅니다. n번째와 $n+1$번째 항의 합이 $n+2$번째가 된다는 식입니다.

피보나치 수열이라는 이름은 12~13세기 이탈리아의 수학자 레오나르도 피보나치에서 유래했습니다. 그가 직접 이 수식을 발견한 것은 아니지만, 피보나치의《산반서》라는 책에서 해당 수열을 소개했기 때문에 '피보나치 수열'이라는 이름이 붙었습니다.

피보나치 수열이 유명해진 가장 큰 이유는 자연에서 흔히 볼 수 있는 현상이기 때문입니다. 알기 쉬운 예시로 꽃잎의 수가 있습니다. 꽃잎의 수는 대부분 피보나치 수열을 따릅니다. 일반적으로 벚꽃은 꽃잎의 수가 5장, 코스모스는 8장, 백합은 3장입니다. 물론 예외도 존재합니다. 예를 들어 벚꽃 중에서도 천엽벚나무는 꽃잎이 8장으로, 꽃에 따라 다르기도 합니다.

그렇다면 조금 더 구체적으로 이 수열을 살펴보겠습니다. (※)에 대해 이 수열의 일반항을 구해봅시다. 일반항을 구하는 방법을 자세히 다루지는 않겠지만, (※)처럼 3항 사이의 점화식은 F_n, F_{n+1}, F_{n+2} 를 각각 $1, x, x^2$로 치환하여 얻는 이차방정식을 특성방정식이라고 부르는데 그 해를 이용하면 일반항을 구할 수 있습니다.

$x^2-x-1=0$의 해는 $\dfrac{1\pm\sqrt{5}}{2}$ 가 되므로 일반항은

$$F_n = \frac{1}{\sqrt{5}}\left\{\left(\frac{1+\sqrt{5}}{2}\right)^n - \left(\frac{1-\sqrt{5}}{2}\right)^n\right\}$$

위와 같이 구할 수 있습니다. 어디서 본 것 같지 않나요? 바로 앞서 설명한 황금비가 나타나 있습니다. 그리고 보니 황금비의 정의에서도 이차방정식 $x^2-x-1=0$이 나왔으므로 일치하는 부분이 있어도 이상하지는 않습니다.

재미있는 점은 피보나치 수열에서 앞의 수로 뒤의 수를 나누면 항이 진행될 때마다 그 값이 $1:1.618$로 서서히 황금비에 수렴합니다. 이유가 무엇일까요?

앞선 일반항을 살펴보면 $\dfrac{1-\sqrt{5}}{2}$ 는 1보다 작은 값이며 n의 값이 커질수록 그 값이 작아집니다. 그리고 n을 무한대로 만든 극한을 생각하면 0에 가까워진다는 사실을 알 수 있습니다.

$$\frac{F_{n+1}}{F_n} = \frac{\dfrac{1}{\sqrt{5}}\left\{\left(\dfrac{1+\sqrt{5}}{2}\right)^{n+1} - \left(\dfrac{1-\sqrt{5}}{2}\right)^{n+1}\right\}}{\dfrac{1}{\sqrt{5}}\left\{\left(\dfrac{1+\sqrt{5}}{2}\right)^{n} - \left(\dfrac{1-\sqrt{5}}{2}\right)^{n}\right\}}$$

계수인 $\dfrac{1}{\sqrt{5}}$ 은 없앨 수 있습니다.

$$\lim_{n\to\infty} = \frac{\left(\dfrac{1+\sqrt{5}}{2}\right)^{n+1}}{\left(\dfrac{1+\sqrt{5}}{2}\right)^{n}} = \frac{1+\sqrt{5}}{2}$$

따라서 실제로 항과 항의 비를 보면 위처럼 황금비에 가까워진 다는 사실을 확인할 수 있습니다. 안 그래도 피보나치 수열은 자연에 등장하는 경우가 많은데, 나열된 수열을 따라가다 보면 극한으로 갈수록 황금비에 가까워지니 '궁극의 비'라는 말이 딱 맞는다는 느낌이 듭니다.

파스칼과 피보나치가 숨어 있다

$$(a+b)^n = {}_nC_0a^n + {}_nC_1a^{n-1}b$$
$$+ {}_nC_2a^{n-2}b^2 + \cdots$$
$$+ {}_nC_ra^{n-r}b^r + \cdots$$
$$+ {}_nC_{n-1}ab^{n-1} + {}_nC_nb^n$$

이항정리는 그 이름처럼 좌변의 식이 a와 b의 합의 거듭제곱입니다. 이를 전개한 계수에는 사실 아름다운 법칙이 있습니다. 지수(승수)가 6이 될 때까지 한번 전개해 보겠습니다.

$$(a+b)^2 = a^2 + 2ab + b^2$$
$$(a+b)^3 = a^3 + 3a^2b + 3ab^2 + b^3$$
$$(a+b)^4 = a^4 + 4a^3b + 6a^2b^2 + 4ab^3 + b^4$$
$$(a+b)^5 = a^5 + 5a^4b + 10a^3b^2 + 10a^2b^3 + 5ab^4 + b^5$$
$$(a+b)^6 = a^6 + 6a^5b + 15a^4b^2 + 20a^3b^3 + 15a^2b^4 + 6ab^5 + b^6$$

여기에서 각 식의 1행만 보면 깨닫기 어렵겠지만, 여러 전개식을 전체적으로 보면서 동시에 각 항의 계수에 주목해 숫자만 나열하면 규칙성이 드러납니다. 위에서부터 지수가 작은 순서대로 나타내며 $(a+b)^0 = 1$로 둡니다. 좌우 대칭인 삼각형처럼 계수의 값만 적어 보겠습니다.

$$
\begin{array}{c}
1 \\
1 \quad 1 \\
1 \quad 2 \quad 1 \\
1 \quad 3 \quad 3 \quad 1 \\
1 \quad 4 \quad 6 \quad 4 \quad 1 \\
1 \quad 5 \quad 10 \quad 10 \quad 5 \quad 1 \\
1 \quad 6 \quad 15 \quad 20 \quad 15 \quad 6 \quad 1 \\
1 \quad 7 \quad 21 \quad 35 \quad 35 \quad 21 \quad 7 \quad 1 \\
1 \quad 8 \quad 28 \quad 56 \quad 70 \quad 56 \quad 28 \quad 8 \quad 1 \\
1 \quad 9 \quad 36 \quad 84 \quad 126 \quad 126 \quad 84 \quad 36 \quad 9 \quad 1 \\
1 \quad 10 \quad 45 \quad 120 \quad 210 \quad 252 \quad 210 \quad 120 \quad 45 \quad 10 \quad 1
\end{array}
$$

이 배열을 '파스칼의 삼각형'이라고 부르며 각 수는 그 위 좌우에 있는 두 수를 더하면 얻을 수 있습니다. 물론 이항정리의 좌변을 열심히 전개하는 방법으로도 우변의 전개식을 구할 수 있습니다. 하지만 파스칼의 삼각형을 보면 훨씬 더 쉽게 전개식을 구할 수 있습니다.

대신에 지수가 큰 경우에는 일일이 파스칼의 삼각형을 그려서 계수를 구하기가 번거롭습니다. 그래서 이항정리의 식을 일반화해 식이 지닌 의미를 파악해 보겠습니다.

이항정리의 식을 n을 써서 나타내면 이번 장의 식이 됩니다. 이 식에서 조합을 나타내는 기호인 C(콤비네이션)가 나오는 이유를 생각해 봅시다. $(a+b)^5$의 전개식을 예로 들겠습니다. $(a+b)^5$는 $(a+b)$를 5번 곱한 것이므로 $(a+b)^5 = (a+b)(a+b)(a+b)(a+b)(a+b)$로 적을 수 있습니다. 여기에서 a^3b^2라는 항의 계수를 확인해 봅시다.

$$(a+b)(a+b)(a+b)(a+b)(a+b)$$

a 와 b 와 a 와 a 와 b → 항 a^3b^2가 만들어진다

위처럼 a^3b^2을 만들기 위해서는 5개의 항 중에서 a를 3회, b를 2회 선택해야 합니다. 이는 '5개의 항 중에서 b를 2개만 고르는 방법은 몇 가지인가'라는 문제와 동일하다는 사실을 알 수 있습니다. 다시 말해 여기서 계수는 $_5C_2$로 나타낼 수 있다는 뜻입니다. 일반화하면 $(a+b)^n$의 다항식은 C를 사용하여 간단한 형태로 표현할 수 있습니다.

수식에 대해서 알아봤는데, 이제 이 '파스칼의 삼각형'을 다시 살펴보도록 하겠습니다. 이전 그림보다 더 길게, 50행까지 삼각형을 크게 만든 다음 짝수에 색을 칠하면 다음과 같은 모양이 나타납니다.

　이 모양을 프랙털 도형이라고 하며 '시에르핀스키 삼각형'이라고
도 알려져 있습니다.(정확히 말하면 이 그림은 무한으로 확대하지 못하므
로 시에르핀스키 삼각형과 유사한 것입니다.) 프랙털 도형은 망델브로가
발견했다고 알려져 있지요. 왜 이곳에서 프랙털 도형이 발견되는 것
일까요?

　그 단서는 56쪽 그림처럼 파스칼의 삼각형을 보면 알 수 있습니
다. 놀랍게도 이전에 나온 피보나치 수열이 등장하는데, 피보나치 수
열을 다음과 같이 점화식에 따라 점점 반복해서 전개하면 계수에도
이항정리와 동일한 계수가 나타나게 됩니다.

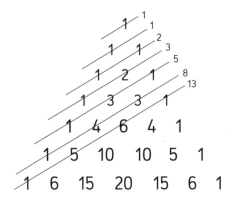

$$F_{n+2} = F_n + F_{n+1} \qquad\qquad (1 , 1)$$

$$= (F_{n-2} + F_{n-1}) + (F_{n-1} + F_n)$$

$$= F_{n-2} + 2F_{n-1} + F_n \qquad\qquad (1 , 2 , 1)$$

$$= (F_{n-4} + F_{n-3}) + 2(F_{n-3} + F_{n-2}) + (F_{n-2} + F_{n-1})$$

$$= F_{n-4} + 3F_{n-3} + 3F_{n-2} + F_{n-1} \qquad (1 , 3 , 3 , 1)$$

$$= \cdots$$

자연계에서 흔히 볼 수 있고 황금비에도 등장하는 피보나치 수열의 규칙성이 다른 모습으로 이항정리 안에 존재한다는 사실을 알 수 있습니다. 그리고 이 규칙성은 연속하는 3개 항의 관계를 간단히 나타낸 것으로 보통 프랙털 도형이 그려집니다. 아주 간단해 보이는 전개식의 계수 안에 숨겨진 규칙성이 신비하지 않나요?

무리수를 유리수로 표현할 수 있다

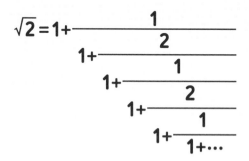

$$\sqrt{2} = 1 + \cfrac{1}{1 + \cfrac{2}{1 + \cfrac{1}{1 + \cfrac{2}{1 + \cfrac{1}{1 + \cdots}}}}}$$

위 등식을 보면, 무리수인 좌변이 이렇게 유리수의 형식으로 표현되는 것이 직감적으로 잘못되었다는 생각이 들 수 있습니다. 그러나 실제로 이 등식은 성립합니다. 그리고 성립하는 이유 역시 직감적으로 이해할 수 있습니다.

설명을 하기 전에 먼저 이 식을 도중에 자르면 어떤 값이 나올지 확인해 보겠습니다. 예를 들어 두 번째 선까지 자르면 다음과 같이 나옵니다.

$$1 + \cfrac{1}{1 + \cfrac{2}{1+1}} = 1 + \cfrac{1}{1+1} = 1 + \cfrac{1}{2} = 1.5$$

$\sqrt{2} = 1.1412 \cdots$ 이므로 완전히 멀리 있는 수는 아닙니다. 다음으로 네 번째 선까지 자르면 다음과 같이 나옵니다.

$$1 + \cfrac{3}{7} = 1.42857 \cdots$$

점점 더 가까워지긴 하지만 그래도 $\sqrt{2}$와 동일하다고 할 수는 없습니다. 그렇다면 어떻게 해야 같은 값이 된다는 것을 증명할 수 있을까요? 이 증명은 사실 퍼즐처럼 푸는 것이 가능합니다.

$$x = 1 + \cfrac{1}{1 + \cfrac{2}{1 + \cfrac{1}{1 + \cfrac{2}{1 + \cfrac{1}{1 + \cdots}}}}}$$

위와 같다고 할 때 우변에 있는 특정 부분은 x와 같은 수입니다.

$$x = 1 + \cfrac{1}{1 + \boxed{\cfrac{1 + \cfrac{1}{1 + \cfrac{2}{1 + \cfrac{1}{1 + \cdots}}}}{2}} = x}$$

이렇게 됩니다. x가 나타내는 값 안에 x가 포함되는 것이 신기해 보일 수 있는데, 무한으로 이어지는 분수라서 이러한 현상이 가능합니다. 다시 말해 이 부분을 x로 치환하면 아래와 같은 식을 만들 수 있습니다.

$$x = 1 + \cfrac{1}{1 + \cfrac{2}{x}}$$

이 식을 풀면 다음과 같습니다.

$$x = 1 + \frac{x}{x+2}$$
$$(x-1)(x+2) = x$$
$$x^2 = 2$$
$$x = \sqrt{2}$$

x가 $\sqrt{2}$라는 사실을 알 수 있습니다. 이러한 표기 방법을 연분수 전개라고 하며 $\sqrt{2}$ 이외의 무리수도 이런 식으로 표기할 수 있습니다.

$$\sqrt{3} = 1 + \cfrac{2}{2 + \cfrac{2}{2 + \cfrac{2}{2 + \cfrac{2}{2 + \cdots}}}}$$

$$\sqrt{5} = 1 + \cfrac{4}{4 - \cfrac{4}{4 + \cfrac{4}{4 - \cfrac{4}{4 + \cdots}}}}$$

또한 표기 방법이 하나만 있는 것은 아닙니다. $\sqrt{5}$는 다른 방법으로 다음과 같이 나타낼 수 있습니다.

$$\sqrt{5} = \cfrac{5}{1 + \cfrac{4}{1 + \cfrac{5}{1 + \cfrac{4}{1 + \cdots}}}}$$

두 가지 식이 같은 수를 나타낸다는 것이 직감적으로 와닿지 않을 수 있습니다. 하지만 앞선 방법으로 x를 치환해 보면 확인할 수 있으니 궁금하신 분은 직접 확인해 보세요. 이 방법을 사용하면 황금비도 아래와 같이 나타낼 수 있습니다.

$$\frac{1+\sqrt{5}}{2} = 2 - \cfrac{2}{2^2 + \cfrac{2^2}{2^2 - \cfrac{2^2}{2^2 + \cfrac{2^2}{2^2 - \cdots}}}}$$

사용하는 수가 전부 2로 표기되어 있는 모습이 왠지 아름다워 보이기도 합니다. 게다가 연분수 전개를 통해 원주율이나 자연로그의 밑도 표기할 수 있습니다.

$$\pi = 3 + \cfrac{1^2}{6 + \cfrac{3^2}{6 + \cfrac{5^2}{6 + \cfrac{7^2}{6 + \cfrac{9^2}{6 + \cfrac{11^2}{6 + \cdots}}}}}}$$

다소 복잡해 보이지만 확실한 법칙이 존재하며 근삿값을 이 연분수 전개로 구할 수도 있습니다.

예를 들어 위의 식에 있는 11^2 이후를 근삿값 0으로 둘 경우에는 다음과 같이 나옵니다.

3.14169867691 …

다만 이 결과에서 올바른 값을 소수점 3자리까지로 보는 것은 그다지 현실적인 근삿값이 아닐 수 있습니다. 또한 자연로그의 밑의 연분수 전개는 다음과 같습니다.

$$e = 2 + \cfrac{2}{2 + \cfrac{3}{3 + \cfrac{4}{4 + \cfrac{5}{5 + \cfrac{6}{6 + \cdots}}}}}$$

이 수식에도 마찬가지로 법칙성이 존재하므로 아름다움이 느껴집니다.

근호가 무한으로 이어진다

$$\sqrt{2+\sqrt{2+\sqrt{2+\cdots}}}=2$$

$\sqrt{}$가 여러 개 겹친 아래와 같은 식을 다중 근호라고 부릅니다.

$$\sqrt{2+\sqrt{2}}$$

요즘 학교에서는 이중 근호를 잘 다루지 않고, 접해보았더라도 관련된 개념이 별로 등장하지 않는 탓에 처음 보는 분도 많을 것입니다. 그럼 위 식은 어느 정도의 수를 나타낼까요? $\sqrt{}$ 안의 수는 다음과 같으므로 제곱했을 때 이 값이 되는 수를 찾으면 됩니다.

$$2+\sqrt{2} \fallingdotseq 2+1.4142 = 3.4142$$

구체적으로는 $1.848^2 = 3.415104$이므로 대략 1.848 정도의 값이 나옵니다.

다중 근호가 등장하는 상황을 하나 더 소개하겠습니다. 한 변이 1인 정오각형의 높이에 다중 근호가 나옵니다. 다음 그림과 같이 대각선 및 높이를 나타내는 선을 그으면 직각삼각형이 보입니다.

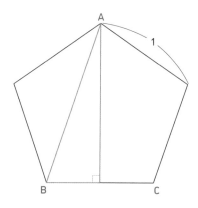

빗변이 되는 대각선의 길이 자체는 $\dfrac{\sqrt{5}+1}{2}$ 이 되며, 밑변이 $\dfrac{1}{2}$임을 이용하여 피타고라스 정리로 높이를 구하면 $\dfrac{1}{2}\sqrt{5+2\sqrt{5}}$이므로 이중 근호로 표현되는 값이 나옵니다.

이제 본론입니다. 처음에 등장한 다중 근호가 계속 이어질 때 나오는 수는 왜 2가 될까요?

$$\sqrt{2+\sqrt{2+\sqrt{2+\cdots}}} = 2$$

근호 안에 있는 값의 근사치를 하나하나 계산하는 방법도 있지만 상당히 귀찮은 작업입니다. 이때는 앞서 배운 연분수 전개를 이용한 방법으로 값을 구할 수 있습니다.

전체를 x로 두고 양변을 제곱하면 우변에 생긴 2를 제외하고 또다시 x가 등장합니다.

$$x = \sqrt{2+\sqrt{2+\sqrt{2+\cdots}}}$$
$$x^2 = 2+\sqrt{2+\sqrt{2+\cdots}}$$
$$= 2+x$$

이것으로 x에 관한 이차방정식이 만들어졌습니다. 이를 만족하는 x를 구해보면, 방정식은 $(x-2)(x+1)=0$으로 인수분해가 가능하므로 양수 범위에서는 $x=2$만 존재합니다. 따라서 답은 2입니다. 다중 근호 형태로는 깔끔한 수로 보이지 않지만 놀랍게도 실제로 계산을 해보면 정수의 값으로 나타납니다.

이 식에서는 우연히 2라는 값이 나왔지만 3이나 4가 나오는 다중 근호의 식도 만들 수 있습니다. 만드는 방법은 조금 전에 2의 값을 구한 순서의 역으로 진행하면 됩니다.

$$x^2 = a+x$$

예를 들어 값이 3이 나오는 식을 만들고 싶다면 앞선 방정식에서 $x=3$을 넣을 때 식이 성립하는 a의 값을 두면 되므로 $a=6$이면 조건을 만족합니다.

$$x^2 = 6 + x$$
$$x = \sqrt{6+x} = \sqrt{6+\sqrt{6+x}}$$
$$3 = \sqrt{6+\sqrt{6+\sqrt{6+\cdots}}}$$

값을 대입하면 다음과 같이 쓸 수 있습니다.

$$4 = \sqrt{12+\sqrt{12+\sqrt{12+\cdots}}}$$
$$5 = \sqrt{20+\sqrt{20+\sqrt{20+\cdots}}}$$

마찬가지로 모든 정수를 무한으로 이어지는 다중 근호 형태로 나타낼 수 있습니다. 또한 이 방법으로는 정수 이외의 값도 나타낼 수 있습니다.

$$\frac{1+\sqrt{5}}{2} = \sqrt{1+\sqrt{1+\sqrt{1+\cdots}}}$$

예를 들면 위와 같은 황금비의 값도 표현할 수 있습니다. 앞선 다중 근호의 값을 x로 두고, 해를 구하는 방법으로 풀 수 있다는 사실을 이용하면 이차방정식의 해가 되는 값은 모두 다중 근호로 표기할 수 있다고 보아도 무방합니다.

심지어 다중 근호로 원주율 π를 나타내려 한 사람도 있습니다. '비에트 원주율'이라는 공식이 있는데 그 식은 다음과 같습니다.

$$\frac{2}{\pi} = \frac{\sqrt{2}}{2} \cdot \frac{\sqrt{2+\sqrt{2}}}{2} \cdot \frac{\sqrt{2+\sqrt{2+\sqrt{2}}}}{2} \cdot \cdots$$

이 식의 도출 방법은 다소 복잡하므로 자세한 설명은 생략하겠지만, 복잡해 보여도 식의 의미와 올바른 변형 순서를 이해하면 식의 재미와 신비함을 충분히 느낄 수 있습니다.

불변하는
'세상에서 가장 아름다운 식'

$$e^{i\pi}+1=0$$

위의 오일러 등식은 흔히 '세상에서 가장 아름다운 수식'이라고 불리는 식입니다. 왜 이런 수식어가 붙었는지, 아름다운 이유의 본질을 여기서 전부 밝히기는 어렵지만 몇 가지 이유를 소개하겠습니다.

먼저 식에 나열된 기호들을 확인해 보겠습니다. 'e', 'i', 'π', '$+$', '1', '$=$', '0'까지 총 7개의 숫자와 기호가 등장합니다. 이 모든 요소가 수학에서 아주 중요하고 기본적인 개념이지요. 이렇게 핵심적인 요소들만 담겼다는 점이 가장 아름다운 수식이라고 불리는 이유입니다.

1은 자연수 중에서 가장 작은 단위가 되는 수이고 0은 아무것도 없다는 것을 나타내는 특수한 수입니다. 두 수가 얼마나 중요한지는 누구나 알 수 있습니다. 또한 +(덧셈)은 연산 중에서 가장 단순한 계산이라고 할 수 있으며, 그 계산 결과를 잇는 것이 =입니다. 지금까지는 각 기호의 중요성을 쉽게 이해할 수 있습니다. 과연 남은 3개의 기호는 어떨까요? 간단하게 살펴보겠습니다.

먼저 π는 원주율을 나타내며 '3.1415$\cdots$'로 시작하는 무한소수로, 소수점 이하 숫자가 주기적으로 반복되지 않는 무리수입니다. 직선의 세계와 원이라는 곡선의 세계를 잇는 신비한 수이지요. 다음으로 i는 '허수 단위'라고 부르며 제곱하면 -1이 되는 수로, 실수와 허수의 세계를 잇습니다. 그리고 마지막으로 e는 오일러 수 또는 자연로그의 밑이라 부르며 수치로 나타내면 $e=2.718\cdots$에 해당하는 무리수입니다. 미적분, 지수 함수 등과 큰 관련이 있으며 제곱의 세계를 잇는 중요한 정수입니다. 이 3가지 수를 조합해서 '허수 단위와 원주율을 곱한 지수로 오일러 수를 제곱한 것에 1을 더하면 0이 된다'라는 주장이 바로 오일러 등식입니다.

그러나 이 설명을 들어도 '그래서 무슨 뜻인데?'라는 생각이 들 것입니다. 직감으로는 이 수들이 조합되어 정수가 된다는 것을 머릿속으로 상상하기가 조금 어려울 수 있습니다. 직감으로 이해하기 어렵지만 기적처럼 성립하는 식이라는 사실도 공식이 아름다운 이유입니다.

여기서 잠시, 이 식이 성립하는 이유를 설명하겠습니다. 이때 등장하는 개념이 무한으로 이어지는 합인 무한급수입니다. 이는 '분수의 합의 극한'에서 설명한 것처럼 $\frac{1}{2}+\frac{1}{4}+\frac{1}{8}+\cdots$을 가리킵니다. 사실은 다양한 값을 특정 규칙에 따라 무한으로 더하는 형태로 바꾸는 방법이 있습니다. 예를 들면 삼각비에 나오는 sin, cos 등의 삼각함수도 아래와 같이 x의 거듭제곱 항이 나열된 형태로 나타낼 수 있습니다.

$$\sin x = x - \frac{x^3}{3!} + \frac{x^5}{5!} - \cdots$$

$$\cos x = 1 - \frac{x^2}{2!} + \frac{x^4}{4!} - \cdots$$

마찬가지로 e^{ix}도 아래와 같은 식으로 나타낼 수 있습니다.

$$e^{ix} = 1 + \frac{ix}{1!} + \frac{(ix)^2}{2!} + \frac{(ix)^3}{3!} + \cdots$$

이 식의 x에 π를 대입하면 좌변에 오일러 등식에 등장하는 항인 $e^{i\pi}$를 얻을 수 있습니다. 다만 $x = \pi$를 대입한다고 해서 우변이 깔끔한 식이 되냐고 묻는다면 꼭 그렇지는 않습니다.

$$1 + \frac{i\pi}{1!} + \frac{(i\pi)^2}{2!} + \frac{(i\pi)^3}{3!} + \cdots$$

위와 같은 무한급수가 되기도 합니다. 하지만 이 식도 간단한 형태로 바꿀 수 있습니다. 이때 활약하는 것이 조금 전에 예시로 설명한 sin과 cos의 무한급수식입니다. 허수 i는 제곱하면 $i^2 = -1$로 실수가 되는 성질이 있습니다. 따라서 e^{ix}의 급수식으로 짝수 제곱을 하는 항은 실수(실수 부분)가, 홀수 제곱을 하는 항은 복소수(허수 부분)가 되는 것에 주목해 보겠습니다. 이를 일반적인 복소수의 형식(실수 부분 $+i \times$ 허수 부분)으로 나타낸다는 것을 고려하면 놀랍게도 삼각함수의 급수식이 나타나며, 아래와 같이 변형할 수 있습니다.

$$
\begin{aligned}
e^{ix} &= 1 + \frac{ix}{1!} + \frac{(ix)^2}{2!} + \frac{(ix)^3}{3!} + \cdots \\
&= 1 + \frac{ix}{1!} - \frac{x^2}{2!} - \frac{ix^3}{3!} + \cdots \\
&= \left(1 - \frac{x^2}{2!} + \frac{x^4}{4!} - \cdots\right) + i\left(x - \frac{x^3}{3!} + \frac{x^5}{5!} - \cdots\right) \\
&= \cos x + i \sin x
\end{aligned}
$$

e^{ix}의 급수 전개를 정리하면 아름다운 삼각함수의 급수 전개가 나타납니다. 이를 오일러 공식이라 부르며 $x = \pi$를 대입하면 $\cos \pi = -1$, $\sin \pi = 0$입니다.

$$
\begin{aligned}
e^{i\pi} &= \cos \pi + i \sin \pi = -1 \\
e^{i\pi} + 1 &= 0
\end{aligned}
$$

따라서 위와 같이 되어 오일러 등식을 얻을 수 있습니다. 이를 그래프로 나타내면 다음과 같습니다.

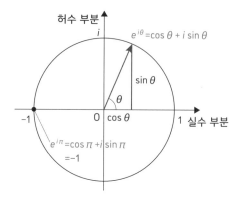

저는 오일러 등식의 존재를 고등학생 때 알게 되었고 수학의 깊이와 뜻밖의 연결고리를 느꼈습니다. 그래서 여러분도 이 수식의 아름다움을 찬찬히 느껴봤으면 하는 바람입니다.

2장

공식은
재미있다

마치 도미노를 쓰러뜨리는 것처럼 상쾌하다

$$\frac{1}{n(n+1)} = \frac{1}{n} - \frac{1}{n+1}$$

부분분수분해란 분수 하나를 여러 분수의 덧셈 또는 뺄셈으로 나타낸 것입니다. 예를 들면 아래와 같습니다.

$$\frac{1}{2 \times 3} = \frac{1}{2} - \frac{1}{3}$$

이와 같이 분모가 연속하는 두 자연수의 곱셈일 경우에는 반드시 각 자연수를 분모로 하는 분자가 1인 분수의 뺄셈으로 나타낼 수 있습니다. 이는 다음과 같은 과정으로 증명할 수 있습니다.

$$\frac{1}{n(n+1)} = \frac{(n+1)-n}{n(n+1)} = \frac{n+1}{n(n+1)} - \frac{n}{n(n+1)}$$

$$= \frac{n+1}{n(n+1)} - \frac{n}{n(n+1)}$$

$$= \frac{1}{n} - \frac{1}{n+1}$$

부분분수분해는 아래와 같은 문제를 풀 때 도움이 됩니다.

문제

다음 수열의 첫 항부터 n항까지의 합을 구하시오.

$$\frac{1}{2 \cdot 4}, \quad \frac{1}{4 \cdot 6}, \quad \frac{1}{6 \cdot 8}, \quad \cdots, \quad \frac{1}{2n(2n+2)}$$

이 경우에는 각 분수의 분모가 연속하는 두 짝수의 곱으로 이루어져 있습니다. 여기에 주목하면 이 문제의 답인 분수의 합은 아래와 같이 바꿀 수 있습니다.

$$\frac{1}{2 \cdot 4} + \frac{1}{4 \cdot 6} + \frac{1}{6 \cdot 8} + \cdots + \frac{1}{2n(2n+2)}$$

$$= \frac{1}{2}\left(\frac{1}{2} - \frac{1}{4}\right) + \frac{1}{2}\left(\frac{1}{4} - \frac{1}{6}\right) + \frac{1}{2}\left(\frac{1}{6} - \frac{1}{8}\right) + \cdots$$

$$+ \frac{1}{2}\left(\frac{1}{2n-2} - \frac{1}{2n}\right) + \frac{1}{2}\left(\frac{1}{2n} - \frac{1}{2n+2}\right)$$

$$= \frac{1}{2}\left(\frac{1}{2} - \frac{1}{4} + \frac{1}{4} - \frac{1}{6} + \frac{1}{6} - \frac{1}{8} + \cdots + \frac{1}{2n-2} - \frac{1}{2n} \right.$$

$$\left. + \frac{1}{2n} - \frac{1}{2n+2} \right)$$

$$= \frac{1}{2}\left(\frac{1}{2} - \frac{1}{2n+2} \right)$$

$$= \frac{n}{4n+4}$$

이런 느낌입니다. 보다시피 부분분수분해를 이용할 때 항이 계속해서 지워지는 모습이 정말 상쾌합니다.

부분분수분해는 적분에서도 활약합니다. 예를 들면 $\frac{1}{x(x+1)}$ 과 같은 식은 그대로 적분하기가 어렵지만 항을 $\frac{1}{x} - \frac{1}{x+1}$ 처럼 두 개로 나누면 각 항을 간단하게 적분할 수 있습니다. 자세히 설명하면 길어질 수 있으므로 생략하겠습니다. 여기서는 간단하게 적분할 수 있다는 사실만 알아두면 좋겠습니다.

또한 부분분수분해와 비슷한 개념으로 단위분수분해라는 것도 있습니다. 단위분수란 분자가 1인 분수를 말하며, 단위분수분해는 분수를 단위분수의 합으로 나타내는 것입니다. 구체적으로는 다음과 같습니다.

$$\frac{2}{5} = \frac{1}{3} + \frac{1}{15}$$

$$\frac{3}{5} = \frac{1}{2} + \frac{1}{10}$$

$$= \frac{1}{3} + \frac{1}{5} + \frac{1}{15}$$

이렇게 나타내는 방법은 역사가 깊습니다. 이러한 표기는 고대 이집트 기록에도 남아 있습니다. 참고로 어떤 수를 단위분수분해로 나타내는 방법은 한두 가지가 아니라 무한합니다. 이를 설명하기 위해 사용하는 것이 부분분수분해입니다. 76쪽에서 예로 들었던 부분분수분해의 식은 이항을 거치면 아래와 같이 바꿀 수 있습니다.

$$\frac{1}{x} = \frac{1}{x+1} + \frac{1}{x(x+1)}$$

다시 말하면 $\frac{1}{x}$이라는 단위분수분해의 식 일부를 다른 단위분수로 바꿀 수 있다는 것을 뜻합니다.

$$\frac{3}{5} = \frac{1}{3} + \frac{1}{5} + \frac{1}{15}$$

$$\frac{1}{15} = \frac{1}{16} + \frac{1}{15 \times 16} = \frac{1}{16} + \frac{1}{240}$$

예를 들면 위 과정을 거쳐 다음과 같이 바꿀 수 있습니다.

$$\frac{3}{5} = \frac{1}{3} + \frac{1}{5} + \frac{1}{16} + \frac{1}{240}$$

이렇게 또 다른 단위분수분해로 나타낼 수 있습니다.

정수로 구성되는 분수라면 어떤 분수라도 단위분수분해를 할 수 있습니다. 단위분수분해는 자주 등장하지 않아서 비록 널리 알려져 있지는 않지만, 부분분수분해와의 관련성도 흥미로워서 알고 보면 매우 재미있는 개념입니다.

1과 0.999…는 정말 같을까?

1=0.999999…

이 신비한 식에 누구나 의문을 품은 적이 있을 것입니다. 좌변과 우변의 수를 비교해 봅시다. 분명히 서로 다른 수처럼 보입니다. 좌변은 가장 기본적인 수인 1이지만 반대쪽 우변에는 소수, 그것도 무한으로 이어지는 소수가 있기 때문입니다.

그러나 이 식은 올바른 식입니다. 어떻게 생각해야 이 식을 올바르다고 말할 수 있을까요? 그리고 왜 신비하다고 느끼는 것일까요? 한번 살펴보겠습니다.

이 식이 올바르다고 말할 수 있는 이유는 다음과 같은 증명 방법이 있기 때문입니다. $\frac{1}{3}$ 을 소수로 나타내면 순환소수로 나타낼 수 있습니다.

$$\frac{1}{3} = 0.333333\cdots$$

따라서 위 등식은 올바른 식입니다. 여기서 양변에 3을 곱해보겠습니다.

$$1 = 0.999999\cdots$$

이러한 결과가 나왔습니다. 맨 처음의 식이 올바르고, 각각 3을 곱해도 등식은 성립하므로 그 결과로 나온 식 $1 = 0.999999\cdots$도 올바르다는 사실을 알 수 있습니다. 이것으로 증명을 마치겠습니다. 여러분은 이 증명으로 납득할 수 있나요?

머리로는 이해하지만 왠지 모르게 납득이 되지 않는 느낌, 뭔가에 홀린 것 같은 느낌이 들 수 있습니다. 이유가 무엇일까요? 아마도 '$0.333333\cdots$이나 $0.999999\cdots$는 순환소수이지만 둘 다 각각 $\frac{1}{3}$과 1에 도달하지 않는 수 아닌가?'라는 인상을 받기 때문일 것입니다. 그래서 이번에는 의문이 생기지 않게끔 수학적으로 증명하는 방법을 알아보겠습니다.

여기서는 수학에서 자주 나오는 귀류법을 사용해 보겠습니다. '어떤 가정이 올바르다고(틀렸다고) 할 때, 논리를 진행하여 모순이 나오면 그 가정은 틀렸다고(올바르다고) 할 수 있다'라는 증명 방법을 사용합니다.

먼저 아래와 같이 무한으로 나열된 수열을 생각합니다.

0.9 0.99 0.999 0.9999 0.99999 …

이 수열에 대해서 누가 보아도 명백한 진실은 '어느 항의 다음 항
은 반드시 이전 항보다 크고 1에 가까워진다'입니다. 이 사실에 대한
반론은 누구도 없을 것입니다. 그렇다면 다음으로 어떤 가정을 해보
겠습니다.

'이 수열을 무한으로 보낸 마지막 항을 y라고 했을 때, y는 1이
아니다'라는 가정입니다.

$$0.999999\cdots = y$$

즉 위와 같이 둔다고 하면 이렇게 쓸 수 있습니다.

$$y \ne 1$$

이 가정에서 어떤 모순이 발생하고 있는 것일까요?

먼저 y는 1이 아니므로 수열 안에 y보다 크고 1에 더 가까운 항 z
가 존재해야 합니다. 그러나 이를 맨 처음 가정과 비교해 보면 y는 이
수열 중에서 가장 마지막이자 가장 큰 수입니다. 따라서 y보다 큰 항

은 존재하지 않는다는 결과가 도출되므로 바로 모순이 발생합니다.

다시 말하면, 이 수열은 오른쪽으로 가면 갈수록 커지며 1에 가까워지므로 y가 1이 아니라면 반드시 y보다 1에 가까운 값 z가 나옵니다. 그러나 y는 수열 중에서 가장 큰 마지막 항이므로 $z=y$여야 한다고 말할 수 있습니다. 이 또한 수열의 성질과 모순됩니다. 이런 식으로 '수열의 마지막 항이 y이다'와 '수열의 어떤 항을 생각할 때, 그 항보다 크고 1에 가까운 항이 반드시 존재한다'라는 두 명제 모두 y가 되어야 하는 모순된 상태에 빠집니다. 따라서 원래 가정이 잘못되었으므로 'y는 1 이외에 존재할 수 없다'라고 말할 수 있는 것입니다.

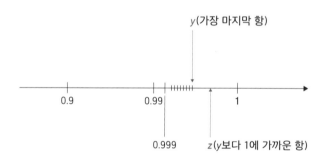

이 사실을 수식으로 나타내면 다음과 같습니다.

$$0.999999\cdots=1$$

이러한 사고방식은 대학에서 배우는 $\varepsilon-\delta$(엡실론-델타) 논법의 간단한 사례이며 고등 수학에서 아주 중요합니다.

　이 문제를 증명하는 방법은 그 밖에도 다양합니다. 예를 들면 1장에 나온 무한등비급수를 이용한다고 할 때, 0.999999⋯ 는 다음과 같은 무한등비수열의 합으로 생각할 수 있습니다.

$$0.9 + 0.09 + 0.009 + \cdots$$

　따라서 첫 항이 $\dfrac{1}{10}$, 공비가 $\dfrac{1}{10}$ 인 무한등비급수의 합을 9배한 것으로 볼 수 있습니다. 합의 공식은 $\dfrac{a(1-r^n)}{1-r}$ 입니다.

$$
\begin{aligned}
0.999999\cdots &= 9 \times \frac{1}{10} + 9 \times \left(\frac{1}{10}\right)^2 + 9 \times \left(\frac{1}{10}\right)^3 + \cdots \\
&= 9 \times \frac{\dfrac{1}{10}}{1-\dfrac{1}{10}} = 9 \times \frac{\dfrac{1}{10}}{\dfrac{9}{10}} \\
&= 9 \times \frac{1}{9} = 1
\end{aligned}
$$

　따라서 위와 같이 나옵니다. 1이 된다는 것을 이해할 때, 9가 무한으로 이어지는 경우 가장 앞자리인 0이 1로 바뀌는 형태로 연상한다면 혼란스러울 수 있습니다. 이러한 증명 방법에서는 소수 표기가 편의상 표현에 불과한 것처럼 보이는데, 이것이 곧 소수 표기의 한계라고 말해도 무리가 없는 듯합니다.

그러나 이렇게 우리 가까이에 있는 문제 안에도 아주 중요한 사실이 숨어 있습니다. 바로 이것조차 수식의 재미라는 점입니다. 사소한 것에도 의문을 품는 것은 아주 중요한 일입니다. 이 수식은 보는 사람들에게 깨달음을 주고, 무한이라는 애매한 개념을 포함해 끝없는 세계의 진실로 향하는 입구 역할을 합니다.

계산과 그림이 마법처럼 일치한다

$$(a+b)^2=a^2+2ab+b^2$$
$$a^2-b^2=(a+b)(a-b)$$

깔끔하게 떨어지는 수끼리의 계산, 예를 들면 10000×10000은 자릿수만 주의하면 곧바로 계산할 수 있습니다. 그렇다면 '조금만 더 하면 깔끔하게 떨어지는 수'의 계산은 어떻게 할까요? 예를 들면 9999×9999와 같은 곱셈입니다. 사실 이 식은 곧바로 계산하는 방법이 있습니다.

그 방법은 바로 식을 $(10000-1) \times (10000-1)$로 변형해서 생각하는 것입니다. 이렇게 식으로 만들어 변형하면 아름답게, 순식간에 풀 수 있습니다. 괄호 안의 계산을 먼저 하지 않고 다음과 같은 전개식을 이용해 보겠습니다.

$$(a-b)\times(a-b)=a^2-2ab+b^2$$

여기에 수를 대입하면 다음과 같습니다.

$$100000000-20000+1=99980001$$

아주 쉽게 계산할 수 있습니다. 손으로 적을 때 9999×9999로 생각하면 머리가 아프지만 이 방법을 쓰면 계산이 금방 끝납니다.

게다가 이 방법은 10000에서 1이 작은 경우가 아니더라도 어느 정도 깔끔해질 수 있는 수라면 동일하게 활용할 수 있습니다. 9998×9998의 계산도 똑같이 적용됩니다.

$$(10000-2)\times(10000-2)=100000000-40000+4$$
$$=99960004$$

다른 예시도 살펴보겠습니다.

$$97\times97=(100-3)\times(100-3)=10000-600+9=9409$$
$$1001\times999=(1000+1)\times(1000-1)$$
$$=1000000-1=999999$$

이 방법은 도형으로 나타내면 더욱 확실하게 이해할 수 있습니다. 이번에는 $(a+b)$를 제곱한 아래 전개식을 사각형 위에서 그림으로 나타내 보겠습니다.

$$(a+b) \times (a+b) = a^2 + 2ab + b^2$$

왼쪽 그림에 $a \times a$와 $b \times b$라는 정사각형, $a \times b$와 $b \times a$라는 직사각형이 보입니다. 오른쪽 그림처럼 $(a-b)^2$인 경우에도 똑같이 생각할 수 있으므로 다양하게 확인해 봅시다.

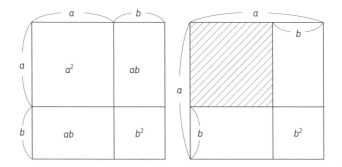

이렇게 '식을 전개해서 정리하기'와 '그림으로 생각하기' 두 방법은 의외로 써먹을 일이 많습니다. 예를 들면 '96×87과 97×86의 차이는 어느 정도인가?'라는 복잡해 보이는 물음에도 효과적으로 활약합니다.

$$96 \times 87 = 96 \times (86+1) = 96 \times 86 + 96$$

$$97 \times 86 = (96+1) \times 86 = 96 \times 86 + 86$$

예를 들면 위와 같이 양쪽 식에 96×86이라는 수가 똑같이 포함되어 있다는 사실을 알 수 있고, 크기는 남은 항을 비교하면 차이가 10이라는 것을 알 수 있습니다.

그림으로 연상한다면 양쪽 식은 각각 공통으로 '블록이 세로로 96줄, 가로로 86줄 나열되어 있는 곳'에 위 식은 96개로 구성된 1열이 세로로 추가되어 있고, 아래의 식은 86개로 구성된 1열이 가로로 추가되어 있다고 생각하면 됩니다.

이렇게 전개하는 식과 그 방법은 단순히 계산 속도를 높이기 위한 것이 아니라 문제의 배경을 다양하게 생각하기 위해서입니다. 이 또한 수학과 수식의 즐길 거리가 아닐까 싶습니다.

식의 비밀을 도형으로 파악한다

$$\sum_{k=1}^{n} k = \frac{n(n+1)}{2}$$

$$\sum_{k=1}^{n} k^2 = \frac{n(n+1)(2n+1)}{6}$$

$$\sum_{k=1}^{n} k^3 = \left\{\frac{n(n+1)}{2}\right\}^2$$

1부터 10까지의 자연수의 합 $1+2+3+\cdots+10$은

$$(1+10) \times 10 \div 2 = 55$$

이렇게 계산할 수 있습니다. 이 계산법 자체는 큰 의미가 없지만 여기에 얽힌 독일의 수학자 가우스의 일화가 있습니다. 가우스가 7살 초등학생이던 시절, 수학을 잘해서 기고만장해진 가우스를 당황하게 하고 싶었던 선생님이 "1부터 100까지의 수를 모두 더하면 어떻게

될까?"라는 문제를 냈습니다.

선생님은 조용히 있는 가우스가 계산하느라 고전하고 있다고 생각했습니다. 그러나 가우스는 곧바로 "간단해요. 5050입니다."라고 대답했습니다. 놀란 선생님은 가우스에게 더 이상 가르칠 것이 전혀 없다고 말했다고 합니다. 이 문제를 당시의 가우스가 어떻게 계산했는지 정확히 밝혀지지는 않았지만, 다음 그림처럼 블록을 나열하면 쉽게 이해할 수 있습니다.

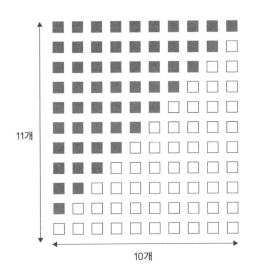

그림을 보면 1부터 10까지 자연수의 합은 10과 다음 10+1을 곱한 다음 2로 나눈 값이라는 것을 쉽게 알 수 있습니다.

그렇다면 다음으로 자연수를 제곱한 값끼리의 합도 생각해 봅시다. 결론부터 말하자면, 제곱의 합은 다음과 같이 나옵니다.

$$1^2 + 2^2 + 3^2 + \cdots = \sum_{k=1}^{n} k^2 = \frac{n(n+1)(2n+1)}{6}$$

이러한 식이 나오는 이유는 무엇일까요? 이 또한 아래와 같이 그림을 그려서 시각적으로 명쾌하게 이해할 수 있습니다.

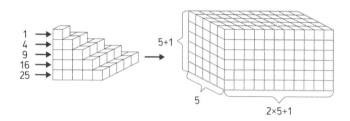

그림 왼쪽에 있는 나무토막 개수를 보면 1단에는 1개, 2단에는 4개, 3단에는 9개, 이런 식으로 $1^2 + 2^2 + 3^2 + \cdots$ 라는 수를 시각적으로 나타낸 것입니다. 그리고 이러한 나무토막 6개를 조합해서 합치면 오른쪽 그림과 같은 크기의 직육면체를 만들 수 있습니다.

기회가 된다면 꼭 직접 만들어보길 바랍니다. 직육면체 모양의 나무토막이나 장난감이 많다면 한번 시도해 보세요. 더 진한 감동을 느낄 수 있을 것입니다.

예를 들어 5단 직육면체를 만든다고 한다면 세로는 5, 가로는 11, 높이는 6이 됩니다. 입체이지만 이 자체가 거듭제곱을 나타냅니다.

이를 n을 써서 일반화하면 세로는 n, 가로는 $2n+1$, 높이는 $n+1$이 되며 총 6개의 덩어리로 만들어진다는 사실을 알고 있으므로 아래와 같은 식을 만들 수 있습니다.

$$\sum_{k=1}^{n} k^2 = \frac{n(n+1)(2n+1)}{6}$$

그렇다면 다음으로 자연수 세제곱의 합은 어떻게 될까요? 이것
도 결론부터 말하자면 아래와 같이 나옵니다.

$$1^3 + 2^3 + 3^3 + \cdots = \sum_{k=1}^{n} k^3 = \left\{ \frac{n(n+1)}{2} \right\}^2$$

이 식을 보면 자연수의 합의 제곱 형태로 되어 있습니다. 이것도
시각적으로 세제곱의 합으로 변형해서 이해할 수 있습니다. 먼저 세
제곱의 합을 수열로 나타내면 다음 그림과 같습니다.

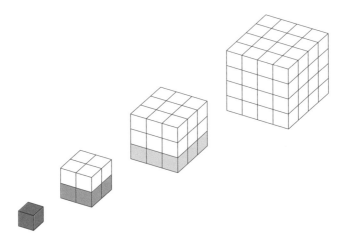

다음으로 이 블록은 아래와 같이 변형하여 나열할 수 있습니다.

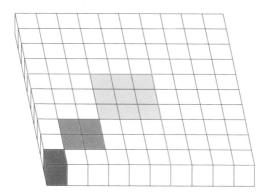

왼쪽 아래부터 보면 $1^3=1$개, $2^3=8$개, $3^3=27$개, $4^3=64$개인 것을 확인할 수 있습니다.

또한 여기서 커다란 정사각형의 한 변을 보면 블록 10개로 구성되어 있는데, 블록의 개수가 $1+2+3+4$인 것을 알 수 있습니다. 다시 말하면 커다란 변은 자연수의 합을 나타내고 있으며 각 대각선 위에 있는 정사각형은 제곱의 합, 그리고 한 변이 블록 1개, 3개, 6개, 10개의 정사각형에서 그 전의 블록을 제거한 것이 세제곱의 합이라는 것을 모두 나타내는 그림입니다.

참고로 네제곱의 합 이후는 시각적으로 이해하기에 다소 어려워집니다. 3차원까지는 깔끔하게 도형으로 이해할 수 있었는데도 참 신기한 일입니다. 여기서는 n제곱의 합도 하나의 식으로 나타낼 수 있다는 것을 짧게 소개하며 마치겠습니다.

$$S_k = \sum_{j=1}^{n} j^k = \frac{1}{k+1} \sum_{j=0}^{n} {}_{k+1}C_j B_j n^{k+1-j}$$

여기서 B_j는 베르누이 수라고 부르는 수열입니다.

보기에는 상당히 어려워 보이는 식이지만 어떠한 n제곱의 합이라도 하나의 식으로 정리할 수 있다는 것이 아름다움을 느끼게 하는 포인트입니다.

끝없이 이어지지만 너무나 깔끔하다

1÷81=0.01234567901234…

1÷81. 이 식만 보면 무엇을 뜻하는지 알기 어려울 수 있으나 아래와 같이 실제로 계산해 보면 재미있는 결과가 나옵니다.

$$1 \div 81 = 0.01234567901234 \cdots$$

소수점 이하의 숫자가 0부터 순서대로 깔끔하게 나열되어 있다는 사실을 알 수 있습니다. 다만 자세히 보면 8은 빠져 있습니다.

이렇게 0부터 순서대로 나열되는 수식은 또 있습니다. 1÷9801이 그 예시입니다. 계산하면 다음과 같이 나옵니다.

$$1 \div 9801 = 0.000102030405060708091011121314151617 18$$
$$19202122 \cdots 95969799 \cdots$$

조금 전과 달리 8도 포함되어 있으며 10, 11, 12 등 두 자릿수까지 나열되어 있습니다. 그렇다고 해서 이후로도 계속 모든 수가 등장하냐고 묻는다면, 아쉽게도 98이 등장하지 않습니다. 결과가 매우 신기한데, 자세히 보면 그렇게 나오는 이유가 있습니다. 먼저 $1 \div 81$의 경우부터 아래의 식을 만들어서 살펴보겠습니다.

$$1 \div 81 = \frac{1}{81} = \left(\frac{1}{9}\right)^2$$

$$= (0.111111 \cdots)^2$$

$$= \left\{ \frac{1}{10} + \left(\frac{1}{10}\right)^2 + \left(\frac{1}{10}\right)^3 + \cdots \right\}^2$$

마지막 식은 $\frac{1}{10}$의 급수전개로 작성한 것입니다. 여기에서 $\frac{1}{10} = A$로 두면 위 식을 다음과 같이 변형할 수 있습니다.

$$(A + A^2 + A^3 + \cdots) \times (A + A^2 + A^3 + \cdots)$$

$$= A^2 + 2A^3 + 3A^4 + 4A^5 + \cdots$$

$$= 0.01 + 0.002 + 0.0003 + 0.00004 + \cdots$$

숫자가 1부터 순서대로 나열되어 있고, 동시에 소수점 이하의 0
이 하나씩 늘어나고 있습니다. 이 식을 계속 나열하면 다음과 같이 나
옵니다.

$$0.01 + 0.002 + 0.0003 + 0.00004 + 0.000005 + 0.0000006 + 0.0$$
$$0000007 + 0.000000008 + 0.0000000009 + 0.000000000010$$
$$+ 0.0000000000011 + 0.00000000000012 + \cdots$$

자세히 보면 식 안에는 8이 등장합니다. 그렇다면 8이 사라졌던
이유는 무엇일까요? 뒤에 나오는 9와 10에 답이 있습니다.

$$0.0000000009 + 0.000000000010 = 0.000000001$$

이렇게 자릿수가 하나 올라가고, 위에서 나온 0.000000001과
0.000000008이 더해지면서 0.000000009가 됩니다. 따라서 계산
의 최종 결과에 8이 보이지 않을 뿐, 계산 과정에는 8이 있다는 것을
알 수 있습니다.

다시 $1 \div 9801$을 살펴보겠습니다. $B = \dfrac{1}{100}$로 치환하면 다음과
같은 식으로 변형할 수 있습니다.

$$1 \div 9801 = \left(\frac{1}{99}\right)^2 = (0.01010101010\cdots)^2$$

$$= \left\{ \left(\frac{1}{100}\right) + \left(\frac{1}{100}\right)^2 + \left(\frac{1}{100}\right)^3 + \cdots \right\}^2$$

$$= (B + B^2 + B^3 + \cdots)^2$$

$$= (B + B^2 + B^3 + \cdots) \times (B + B^2 + B^3 + \cdots)$$

$$= B^2 + 2B^3 + 3B^4 + 4B^5 + \cdots$$

$$= 0.0001 + 0.000001 \times 2 + 0.00000001 \times 3$$

$$+ 0.0000000001 \times 4 \cdots$$

이것으로 00부터 시작하여 01, 02, ⋯로 소수점 이하의 수가 나열된다는 사실을 알 수 있습니다. 1÷81의 경우와 마찬가지로 이 식에는 98이 나옵니다. 그리고 그 주변에 나열된 숫자를 보면 98이 생략된 이유를 알 수 있습니다. 주변에는 아래와 같은 숫자가 나옵니다.

960000000000

9700000000

98000000

990000

10000

101

위의 수를 더하면 아래와 같이 나오고, 자릿수가 올라가면서 98

이 사라진다는 사실을 알 수 있습니다.

969799000101

원리를 알면 여러 가지로 응용할 수 있다는 점이 수학의 재미입니다. 응용하면 아래와 같은 숫자를 구하는 식을 만들 수도 있습니다.

$1 \div ? = 0.000001002003004\cdots$

물음표에 들어갈 숫자가 무엇인지 한번 맞혀보세요.

(정답은 998001입니다.)

규칙성이 끝까지 보존된다

$$1^3+5^3+3^3=153$$
$$16^3+50^3+33^3=165033$$
$$166^3+500^3+333^3=166500333$$
$$1666^3+5000^3+3333^3=16650003333$$
$$\vdots$$

이 공식은 앞의 자릿수를 늘려도 계속 성립합니다. 좌변은 3개의 수로 구성되어 있으며 첫 번째 식은 1, 5, 3을 각각 세제곱해서 더한 것입니다. 두 번째 식 이후의 좌변은 다음과 같습니다.

(1 뒤에 6을 나열한 수의 세제곱)+(5 뒤에 0을 나열한 수의 세제곱)+(3만 나열한 수의 세제곱)

이는 세제곱하기 전의 숫자를 순서대로 나열한 수(우변)와 같아지는 공식입니다. 정말 성립하는지 직접 계산해 보면 이 수식의 신비함과 아름다움을 실감할 수 있을 것입니다.

이와 별개로 식이 성립하는 이유를 직감적으로 상상하기는 어렵습니다. 하지만 증명은 가능합니다. 이번에 활용하는 수학은 '수열'의 일반식입니다. 거듭제곱을 제외한 좌변의 가장 왼쪽 수만 수열로 나열하면 아래와 같습니다.

$$1, 16, 166, 1666, \cdots$$

제 n 항의 수를 a 로 두면 다음과 같이 나타낼 수 있습니다.

$$a = \frac{1}{6}(10^n - 4)$$

두 번째 수를 모아서 나열한 수열은 다음과 같습니다.

$$5, 50, 500, 5000, \cdots$$

제 n 항의 수를 b 로 두면 b 는 다음과 같습니다.

$$b = \frac{10^n}{2}$$

세 번째 수를 모아서 나열한 수열은 다음과 같습니다.

$$3, 33, 333, 3333, \cdots$$

제n항의 수를 c로 두면 다음과 같습니다.

$$c = \frac{1}{3}(10^n - 1)$$

이 셋을 각각 세제곱하여 더한 값이 우변과 같다는 것을 나타내면 됩니다. 그렇다면 더해보겠습니다.

$$a^3 + b^3 + c^3$$

$$= \left\{\frac{1}{6}(10^n - 4)\right\}^3 + \left(\frac{10^n}{2}\right)^3 + \left\{\frac{1}{3}(10^n - 1)\right\}^3$$

$$= \frac{1}{216}(10^{3n} - 12 \times 10^{2n} + 48 \times 10^n - 64) + \frac{1}{8} \times 10^{3n}$$

$$+ \frac{1}{27}(10^{3n} + 3 \times 10^{2n} + 3 \times 10^n - 1)$$

$$= \frac{1}{6} \times 10^{3n} - \frac{1}{6} \times 10^{2n} + \frac{1}{3} \times 10^n - \frac{1}{3}$$

$$= \frac{1}{6} \times 10^{3n} + \left(-\frac{2}{3} + \frac{1}{2}\right) \times 10^{2n} + \frac{1}{3} \times 10^n - \frac{1}{3}$$

$$= 10^{2n}\left\{\frac{1}{6}(10^n - 4)\right\} + 10^n\left(\frac{1}{2} \times 10^n\right) + \frac{1}{3}(10^n - 1)$$

$$= 10^{2n}a + 10^n b + c$$

이와 같은 식으로 변형할 수 있습니다. 마지막의 $10^{2n}a+10^{n}b+c$ 는 말 그대로 '세제곱을 제외한 숫자를 순서대로 나열한 수'를 나타냅니다. 시험 삼아 a, b, c 각각에 첫 번째와 두 번째 숫자의 값 $(1, 5, 3)$, $(16, 50, 33)$을 넣어보면 아래와 같은 값이 나오며 성립한다는 사실을 알 수 있습니다.

$$1^3+5^3+3^3=10^2\times1+10^1\times5+3=100+50+3=153$$
$$16^3+50^3+33^3=10^4\times16+10^2\times50+33$$
$$=10000\times16+100\times50+33=165033$$

이러한 식이 발견된 이유는 저도 정확히 알지 못합니다. 일일이 찾는 과정에서 발견한 것인지, 증명의 역을 따라가며 만든 것인지 알 수는 없지만 어느 쪽이든 끈기가 필요한 작업입니다.

증명 과정이 다소 어려웠지만 아름다운 수식이 성립하는 이면에 무엇이 있는지 생각하는 것도 큰 재미입니다. 여러분도 함께 생각해 보면 어떨까요?

홀수이지만 안정적이고 조화롭다

$$1+3+5+7+9+11+13+$$
$$15+17+19=100$$

1부터 19까지 홀수를 더한 값은 딱 100이 됩니다. 이것만으로도 아름답다고 말할 수 있지만 이 식에는 도형의 아름다움도 숨겨져 있습니다.

식을 블록으로 나타내면 다음 그림과 같이 나옵니다. 위에서부터 1, 3, 5, …, 19로 블록이 나열되어 있습니다. 이 식은 "이 도형의 블록은 총 몇 개입니까?"라는 질문으로 바꿔 생각할 수 있습니다.

이 블록은 위에서부터 내려가면서 더하면 $1+3+5+ \cdots +19$라는 식이 됩니다. 그런데 왼쪽부터 오른쪽으로 한 칸씩 이동하면서 더하면 다음과 같은 식을 얻을 수 있습니다.

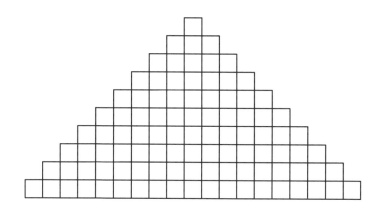

$$1+2+3+4+5+6+7+8+9+10+9+8+7+6+5+4+3+2+1$$

이때 블록을 다음과 같이 변형합니다.

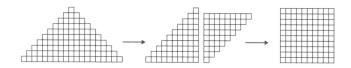

그러면 10×10의 정사각형이 만들어지고 블록의 수는 총 100개가 됩니다. 따라서 식의 정답은 100입니다. 참고로 이 식은 다음과 같이 변형할 수도 있습니다.

$$1^3+2^3+3^3+4^3=1+8+27+64=100=10\times10$$
$$=(1+2+3+4)^2$$

세제곱수의 합이 제곱수가 되는 아름다운 식입니다. 이 또한 블록으로 나타날 수 있습니다. 앞서 자연수의 세제곱에 등장한 바 있습니다.

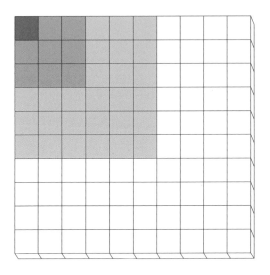

이렇게 기본적인 숫자를 조합하기만 해도 다양한 대칭성과 100이라는 깔끔한 숫자가 등장하니 신기한 일입니다. 인간의 손가락 개수가 우연히 10개였기 때문에 인류가 10진법을 사용하게 되었다는 설도 있는데, 여기서 나오는 10과 그 제곱은 별 관련이 없습니다.

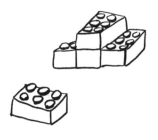

같은 수가 돌고 돈다

$$142857 \times 1 = 142857$$
$$142857 \times 2 = 285714$$
$$142857 \times 3 = 428571$$
$$142857 \times 4 = 571428$$
$$142857 \times 5 = 714285$$
$$142857 \times 6 = 857142$$
$$142857 \times 7 = 999999$$

이 식은 실제로 계산기를 이용해서 계산해 보면 신기한 경험을 할 수 있습니다. 142857을 1부터 6까지의 수로 곱하면 재미있는 일이 일어납니다.

나열된 수를 보면 알 수 있듯이 숫자가 순환하고 있습니다. 7을 곱하면 999999가 됩니다. 게다가 142857의 세 번째 자리를 기준으로 절반으로 나눈 다음 각 수를 더하면 다음과 같이 나옵니다.

$$142+857=999$$

두 자리를 기준으로 나눈 다음 더하면 다음과 같습니다.

$$14+28+57=99$$

이처럼 놀라운 성질이 나타나는 이유는 무엇일까요?

$$1÷7=0.142857142857\cdots$$

위 식이 그 이유와 큰 관련이 있습니다. 어떤 분수를 소수로 표기했을 때 같은 숫자의 나열이 반복해서 나타나는 수를 순환소수, 그 수의 나열을 마디라고 부릅니다.

여기서 '1÷소수(素數)'의 형태로 구성되는 순환소수이면서 마디의 길이가 짝수인 경우, 그 순환마디를 앞뒤로 2분할한 수의 합은 반드시 $999\cdots99$의 형태인 수가 되는 미디의 정리(Midy's theorem)라는 것도 있습니다.

이러한 성질을 가진 수가 142857만 있는 것은 아니지만 그렇다고 자주 나타나는 현상도 아닙니다. 5882352, 94117647, 4347826086, 95652173913 등이 있으니 직접 성질을 확인해 보는 것도 추천합니다.

대칭성의 출처는 어디일까?

$1 \times 1 = 1$

$11 \times 11 = 121$

$111 \times 111 = 12321$

$1111 \times 1111 = 1234321$

$11111 \times 11111 = 123454321$

$111111 \times 111111 = 12345654321$

$1111111 \times 1111111 = 1234567654321$

$11111111 \times 11111111 = 123456787654321$

$111111111 \times 111111111 = 12345678987654321$

1을 1~9개까지 나열한 수를 제곱하면 위와 같이 나타납니다. 직접 보면 알 수 있듯이 1부터 특정 수까지 늘어나다가 다시 1로 돌아가는 계단의 형태로 되어 있습니다. 계산기로 확인할 수 있는 아름다운 수식이라고 할 수 있습니다.

이러한 값이 나오는 이유도 단순하고 명쾌합니다. 직접 펜을 들고 계산을 해보면 자연스럽게 알 수 있습니다.

```
        11          111
  ×     11    ×     111
        11          111
        11          111
       121          111
                  12321
```

또한 곱하는 수를 약간 변형하면 예쁜 계단 형태가 나오지 않는 대신 재미있는 법칙이 나타납니다.

$11 \times 11 = 121$

$11 \times 11 \times 11 = 1331$

$11 \times 11 \times 11 \times 11 = 14641$

자세히 보면 파스칼의 삼각형(53쪽 참고)의 세 번째 열~다섯 번째 열에 나오는 수와 일치합니다.

$(10+1)^2, (10+1)^3, (10+1)^4$

각각 이와 같이 변형할 수 있으므로 이항정리를 이용해 나타낼 수 있습니다.

$11 \times 11 \times 11 \times 11 \times 11 = (10+1)^5 = 161051$

파스칼의 삼각형의 여섯 번째 열부터는 계수가 10이 되는 항이 있으므로 올림이 발생해서 수가 그대로 나오지 않습니다. 여기서 숫자를 약간 조정하면 어떻게 될까요?

$$1111 \times 11 = 12221$$
$$11111 \times 111 = 1233321$$
$$111111 \times 1111 = 123444321$$

처음에 나온 식의 세 번째부터 다섯 번째 식과 비교하면 답 정중앙에 있는 수가 계단처럼 올라가는 수가 아니라는 것을 알 수 있습니다. 좌변의 식을 보면 나열되어 있는 '1'의 수는 같고, 각 자릿수가 바뀌는 식으로 되어 있습니다. 계산기로 비유하자면 '×' 버튼을 누르는 타이밍이 살짝 바뀌기만 해도 이러한 결과가 나온다는 뜻입니다.

그 밖에도 재미있는 결과가 되는 식이 존재할지도 모릅니다. 직접 찾아보며 확인하는 것도 좋은 방법이겠네요.

나만의 수식을 찾아보자

$$33=1!+2!+3!+4!$$

여러분은 이 식을 보고 어떤 느낌이 들었나요? 예쁜 식처럼 보이나요? 아니면 아무런 의미가 없는 우연히 만들어진 식으로 보이나요? 사람마다 느끼는 바가 다르겠지만 식을 보면서 이런저런 생각에 빠지는 것은 즐거운 일입니다.

지금까지 다양한 공식과 수식을 소개했는데, 그중에는 깊은 의미가 있으면서도 놀랄 만큼 간단한 형태였던 식도 있었고 완전히 우연으로 성립하는 것처럼 보이는 식도 있었습니다. 저는 둘 다 나름의 매력과 재미가 있다고 생각합니다. 예를 들면 가장 흔한 수라고 할 수 있는 1, 2, 3, 4, 5, … 등의 자연수도 깔끔한 식으로 다양하게 나타낼 수 있습니다.

앞선 식을 5!까지 더하는 경우를 생각해 보겠습니다.

$$153 = 1! + 2! + 3! + 4! + 5!$$

위와 같이 나옵니다. 참고로 1부터 4까지의 팩토리얼(계승)이 아닌 1부터 4까지의 제곱을 더하면 다음과 같습니다.

$$30 = 1^2 + 2^2 + 3^2 + 4^2$$

이렇게 보면 30과 33만 특별한 형태로 보인다고 생각할지도 모르지만, 1부터 30까지의 수 중에서 이렇게 깔끔한 식으로 정리할 수 있는 수는 많습니다. 예시를 나열해 보겠습니다.

$$3 = 1 + 2$$
$$4 = 0! + 1! + 2!$$
$$5 = 1^2 + 2^2$$
$$6 = 1 \times 2 \times 3$$
$$7 = 2^0 + 2^1 + 2^2$$
$$8 = 2^0 \times 2^1 \times 2^2$$
$$9 = 1^3 + 2^3$$
$$10 = 1 + 2 + 3 + 4$$

이렇게 연속하는 자연수의 합이나 곱, 제곱, 팩토리얼 등을 사용해서 다양한 수를 나타낼 수 있습니다. 이후로도 33까지 계속해 보면 아래와 같은 식을 찾을 수 있습니다.

$$11 = 2^0 - 2^1 + 2^2 - 2^3 + 2^4$$

$$12 = 1! \times 2! \times 3!$$

$$13 = 3^0 + 3^1 + 3^2$$

$$14 = 1^2 + 2^2 + 3^2$$

$$15 = 1 + 2 + 3 + 4 + 5$$

$$16 = 2^{2^2}$$

$$17 = 0^4 + 1^4 + 2^4$$

$$18 = 4! - 3! + 2! - 1! - 0!$$

$$19 = 4! - 3! + 2! - 1!$$

$$20 = 3^3 - 3^2 + 3^1 - 3^0$$

$$21 = 1 + 2 + 3 + 4 + 5 + 6$$

$$22 = 3^3 - 2^2 - 1^1$$

$$23 = 4! - 1$$

$$24 = 4 \times 3 \times 2 \times 1$$

$$25 = 5^2$$

$$26 = 3^3 - 1^1$$

$$27 = 3^0 \times 3^1 \times 3^2$$

$$28 = 1 + 2 + 3 + 4 + 5 + 6 + 7$$

$$29 = 2^2 + 3^2 + 4^2$$

$$30 = 1^2 + 2^2 + 3^2 + 4^2$$

$$31 = 2^0 + 2^1 + 2^2 + 2^3 + 2^4$$

$$32 = 1^1 + 2^2 + 3^3$$

$$33 = 1! + 2! + 3! + 4!$$

어떤가요? 각각의 식이 표현되는 이유까지 다루지는 않겠지만 잘 알려져 있거나 우연히 발견된 것, 제가 만들어낸 것 등 다양합니다. 자신이 좋아하는 수를 아름다운 수식의 형태로 나타낼 수도 있으니 여러분도 꼭 새로운 표현을 직접 시도해 보길 바랍니다.

우연일까, 운명일까?

$$3435=3^3+4^4+3^3+5^5$$

앞에서 설명했듯이 완전한 우연으로 성립하는 아름다운 수식이 많습니다. 이번 식도 그런 예시에 속합니다. 이 수는 '각 위치에 있는 수를 그 수만큼 거듭제곱해서 더하면 원래 수가 된다'라는 성질을 갖습니다. 이 성질을 가지는 수가 '1'과 '3435'밖에 없다는 것이 신비하게 느껴지는 이유입니다.

이러한 식이 성립하는 이유, 두 가지 수만 성립하는 이유는 명확히 밝혀진 것이 없고 완전한 우연입니다. 1은 당연히 성립하는 성질을 가지고 있으므로 특히 이 3435라는 숫자의 희귀함이 돋보입니다.

이 수는 따로 뮌히하우젠 수(Münchhausen number)라는 이름으로 부릅니다. 1943년 판타지 코미디 영화 〈뮌히하우젠〉 안에서 뮌히하우젠 남작은 아군이 쏜 포탄에 올라타고 적진으로 정찰을 하러 갔다가 적의 포탄을 타고 다시 돌아옵니다. 이 신비한 액션에서 뮌히하우젠 수라는 이름이 유래했다고 합니다.

참고로 이 이야기는 확장이 가능합니다. 일반적으로는 $0^0 = 1$로 정의하는데, 이를 $0^0 = 0$이라고 정의한다면 0, 1, 3435, 438579088까지 4개가 뮌히하우젠 수에 해당합니다.

$$4^4 + 3^3 + 8^8 + 5^5 + 7^7 + 9^9 + 0^0 + 8^8 + 8^8$$
$$= 256 + 27 + 16777216 + 3125 + 823543 + 387420489$$
$$\quad + 0 + 16777216 + 16777216$$
$$= 438579088$$

이처럼 보통의 규칙을 다르게 변경하더라도 뮌히하우젠 수는 위의 4개만 존재합니다. 어떻게 4개만 존재한다고 말할 수 있을까요? 이를 나타내 보겠습니다.

먼저 10자리 수 9999999999를 생각해 봅시다. 각 자릿수의 숫자에 주목해 9^9의 크기가 어느 정도인지 확인합니다.

$$9^9 = 387420489$$

따라서 9999999999의 각 자릿수 9를 아홉제곱한 값의 합은 위

9^9의 10배인 3874204890이 되며 원래 숫자보다 작아집니다. 각 위치의 숫자를 가장 큰 '9'로 두어도 원래 숫자보다 작아진다는 말은, 예를 들어 10000000000이라는 11자리의 숫자일 경우에도 원래보다 작은 수가 된다는 뜻입니다. 적어도 9999999999(정확히는 3874204890)보다 작은 숫자 안에서만 뮌히하우젠 수가 존재한다는 것이며, 이 정도 크기의 숫자는 컴퓨터로 빠르게 검색할 수 있습니다. 그 결과 실제로 4개만 존재하는 것으로 확인되었습니다.

뮌히하우젠 수와 비슷한 수로 나르시시스트 수라는 것도 있습니다. 이는 각 자릿수의 수를 그 수만큼 제곱할 필요는 없으며 모두 n제곱하면 자신과 같은 수가 됩니다. 예를 들어 153은 다음과 같이 나오는 나르시시스트 수입니다.

$$1^3+5^3+3^3=153$$

이 나르시시스트 수는 뮌히하우젠 수보다 많이 존재하며 총 88개가 있다고 알려져 있습니다. 전부 나열할 수는 없지만 아래와 같은 수들이 있습니다.

$$370, 371, 407, 1634 \cdots$$

실제로 성립하는지, 다른 나르시시스트 수는 없는지 직접 찾아보는 것도 좋습니다. 이런 식으로 언뜻 보았을 때는 아무 의미가 없는 우연한 수를 보고 특별한 의미를 떠올리는 것이 수학의 진정한 재미라고 생각합니다.

Baron
Münchhausen
1720-1797

거대한 수도 의외로 작게 느껴진다

54!=약 2000무량대수

숨어 있는 무량대수를 볼 수 있는 수가 있습니다. 바로 54!입니다. 앞에서도 계속 등장했던 !은 팩토리얼이라는 기호로 그 수까지 모든 자연수를 곱한 수를 뜻합니다. 1부터 54까지 모든 자연수를 곱하면 약 2000무량대수가 나옵니다. 참고로 무량대수는 1 뒤에 0이 68개가 붙는 수입니다.(10^{68})

조커가 2장인 트럼프는 총 54장으로 구성됩니다. 이 트럼프를 나열할 때 발생하는 조합이 바로 54!이라는 아주 큰 수입니다. 우리 주변에서 볼 수 있는 도구에 이렇게 어마어마한 수가 숨겨져 있습니다. 이 수는 정확히 2308무량대수입니다.

우리 주변에 또 다른 거대한 수가 등장하는 다른 예로는 '$n \times n$

칸의 격자로 된 길이 있다. 같은 길을 지나지 않고 시작점부터 도착점까지 가는 방법은 몇 가지인가?'라는 물음에서 $n = 17$일 때 63무량대수 4481불가사의라는 값이 나옵니다.

왜 이렇게 큰 수가 나오는지 2×2칸부터 순서대로 가는 방법의 수를 알아보면 감각적으로 그 이유를 알 수 있습니다. 2×2칸은 아래와 같이 총 12가지가 나옵니다.

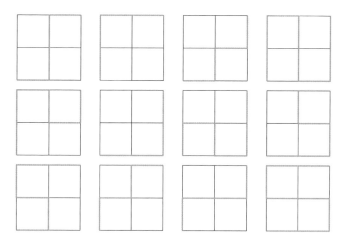

다음으로 3×3칸입니다. 이때부터 벌써 직관적으로 개수를 세기가 어려워집니다. 놀랍게도 184가지가 나옵니다. 1칸이 늘어났는데 10배 이상의 수가 늘어났습니다. 이어서 4×4칸의 경우에는 8512가지가 나오며 50배 가까이 늘어나는 등 가로와 세로로 1칸씩만 늘어나도 가는 방법의 가짓수는 급격하게 증가합니다.

이런 식으로 주변에 존재하는 문제를 조금만 알아보아도 곧바로 무량대수라는 막대한 수가 등장합니다. 아무리 이름이 무량대수라도 수의 세계에서는 의외로 작은 수일지도 모릅니다.

무한은 바로 옆에 있다

$$H=2^n-1$$

어릴 때 '하노이의 탑'이라는 놀이를 해 본 적이 있나요? 해본 사람은 잘 알겠지만 이 놀이에도 공식이 숨어 있습니다.

하노이의 탑이란 퍼즐의 한 종류로 기둥에 쌓여 있는 원반을 아래의 규칙에 따라 움직입니다.

- 움직일 때는 하나씩 옮긴다. 이를 첫 수로 한다.
- 작은 원반 위에 그 원반보다 큰 원반은 둘 수 없다.
- 원래 쌓여 있던 곳과 다른 곳으로 완전히 이동할 경우 행동을 종료한다.

이 행동을 실행하는 가장 짧은 횟수는 아래와 같은 공식으로 나타낼 수 있습니다.

$$H = 2^n - 1$$

기둥이 3개라면 7회, 4개라면 15회로 모두 이동할 수 있다는 뜻입니다.

이는 비교적 쉽게 이해할 수 있습니다. 기둥 1개가 늘어났을 때어떠한 행동이 발생하는지를 생각하면 됩니다. 예시로 기둥이 3개인하노이의 탑을 자세히 살펴보겠습니다. '기둥이 3개인 하노이의 탑의가장 아래 원반을 옮기는 상황'이란 다음 그림과 같습니다.

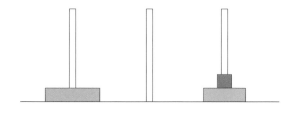

즉, 두 번째 원반까지 하노이의 탑 오른쪽 기둥으로 이동을 끝낸 다음에 왼쪽 기둥에 남아 있는 세 번째 원반을 옮길 수 있다는 뜻입니다. 지금까지의 횟수는 '두 번째 원반까지 이동시키는 데 걸린 횟수'입니다.

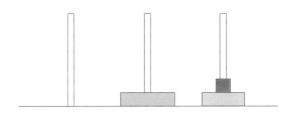

다음으로 세 번째 원반을 정중앙으로 이동시키면 위와 같은 상태가 되고, 다시 '두 번째 원반까지 이동시키는 데 걸린 횟수'로 완성됩니다. 이제 각각의 횟수를 식으로 나타내면 다음과 같습니다.

(두 번째 원반까지 옮기는 횟수)＋(가장 아래 원반을 옮기는 수 1회)＋(두 번째 원반까지 옮기는 횟수)
＝2×(두 번째 원반까지 옮기는 횟수)＋1

이를 일반화하면 다음과 같습니다.

N번째 원반까지 움직이는 횟수＝2×(N-1번째 원반까지 움직이는 횟수)＋1

이와 같은 점화식이 만들어지는데, 이 식을 등비수열로 풀면 가장 처음에 나온 식이 등장합니다.

하노이의 탑은 프랑스의 수학자 에두아르 뤼카가 발명하였습니다. 그는 하노이의 탑을 소개하면서 다음과 같은 이야기를 덧붙이기도 했습니다.

인도에 있는 한 거대한 사원에 '브라흐마의 탑'이라고 불리는 탑이 있었습니다. 그곳에는 청동으로 만들어진 판 위에 다이아몬드로 만들어진 침이 있었고, 침 하나에 순금으로 만든 원반이 큰 순서대로 64개가 꽂혀 있었습니다. 사제들은 그곳에서 밤낮을 가리지 않고 원반을 다른 침으로 옮기고 있었습니다. 그들은 모든 원반의 이동이 끝나면 세상은 붕괴하고 종말을 맞이한다고 믿었습니다.

이 이야기에 나오는 원반 64개를 이동시키는 데 필요한 횟수를 하노이의 탑 규칙에 따라 계산하면 1844경 6744조 737억 955만 1615회가 나옵니다. 1초에 하나씩 옮기더라도 약 5845억 년이 걸리는 방대한 수입니다. 뤼카는 인도 신화에 나오는 방대한 규모의 시간 개념을 알고 있었기에 이러한 이야기를 지었는지도 모릅니다.

간단한 식으로
사랑스러운 모양을 만들어낸다

$$x^2 + (y - \sqrt{|x|})^2 = 1$$

여러분은 스스로 함수의 식을 생각해서 그래프로 그려본 적이 있나요? 이번에는 그래프를 하트 모양으로 그릴 수 있는 함수를 소개하겠습니다. 가장 유명한 하트 방정식은 위에 있는 제곱으로 구성된 함수입니다.

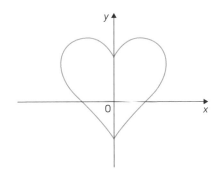

이렇게 간단한 식으로 예쁜 하트 모양이 만들어집니다. 아름답지요. 왜 이렇게 대칭이 나오는 그래프가 그려지는 것일까요? 이 식을 조금씩 파헤쳐 보겠습니다.

먼저, 이 식은 x의 제곱과 y를 포함하는 제곱의 식으로 구성되어 있습니다. 비슷한 식으로 원의 방정식 $x^2+y^2=r^2$을 소개한 적이 있습니다.(29쪽 참고)

이 식에는 근호와 절댓값이 들어가 있습니다. 일단 근호와 절댓값 없이 'x'만 넣어보겠습니다. 그러면 다음과 같은 식이 나옵니다.

$$x^2+(y-x)^2=1$$

이를 그래프로 나타내면 다음과 같이 타원형을 그립니다.

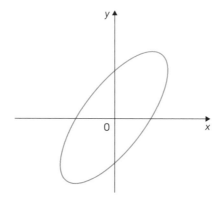

32쪽에서 소개한 타원의 식과 약간 다르게 타원을 기울인 식이 되었습니다. 여기서 이 곡선의 $x \geq 0$ 영역만 표시하면 다음과 같이 나옵니다.

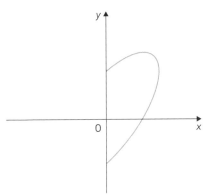

이 그래프를 좌우로 반전하면 하트 모양이 완성됩니다. 이 '좌우 반전'이라는 기능을 부여할 때 x의 절댓값이 사용됩니다. 그래서 $x^2 + (y - |x|)^2 = 1$은 아래와 같은 하트 모양이 됩니다.

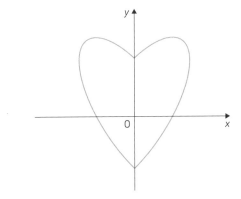

또한 절댓값으로 표기했지만 아래와 같은 두 식으로 나누어 표기해도 같은 식을 만들 수 있습니다.

$$x^2+(y-x)^2=1 \ (x \geqq 0)$$
$$x^2+(y+x)^2=1 \ (x < 0)$$

이 발견 덕분에 독특한 수식으로 하트를 표현하는 사람이 있습니다. '수학을 사랑하는 모임(mathlava)'에서 개최한 '하트 그래프아트 선수권 대회'를 검색하면 다양한 방법으로 그려진 하트 그래프를 확인할 수 있습니다. 연속해서 나열된 하트, 'HEART' 문자로 그린 하트 그래프 등 개성이 넘치는 하트들이 많습니다.

이렇게 다양한 형태가 그래프로 표현된다는 것을 알아봤습니다. 여러분도 직접 그리고 싶은 그래프를 떠올린 다음에 함수로 만들어 보는 것은 어떨까요?

마지막으로, 카디오이드 (cardioid)라는 곡선을 소개하며 마칩니다. 카디오이드는 $r=a(1+\cos\theta)$의 식으로 나타내는 곡선입니다. $a=1$일 때 옆 그림과 같은 형태가 나옵니다.

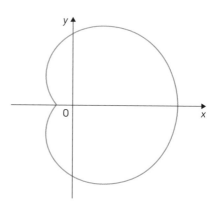

심장 모양과 비슷하다고 해서 '심장형'이라고 부르기도 하는 수식입니다. 이 그래프도 멋진 하트 모양이네요.

포물선과 비슷하지만 다르다

$$y=a\left(\frac{e^{\frac{x}{a}}+e^{\frac{-x}{a}}}{2}\right)$$

이번에는 카테너리 곡선, 다른 이름으로는 현수선이라고 부르는 곡선의 공식입니다. 이 수식을 그래프로 그려보면 어디서 본 적이 있는 형태가 등장합니다.

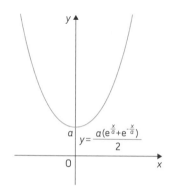

앞서 등장했던 포물선 형태로 보는 사람들도 많을 것 같습니다. 그러나 이 그래프는 포물선과 다른 곡선입니다. 특히 원점 부근을 자세히 보면 원점에 접근하는 방법이 다르다는 사실을 알 수 있습니다.

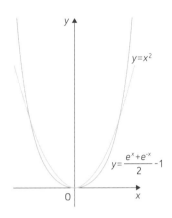

사실 이 그래프도 우리 일상에서 볼 수 있는 곡선입니다. '사슬을 양 끝에서 잡았을 때 늘어지는 형태'가 카테너리 곡선이 된다고 알려져 있습니다. 포물선과 마찬가지로 우리 주변에 흔히 있습니다. 그런 이유 때문인지 실제로 이 두 곡선을 구별하지 못하는 수학자가 있었다는 일화도 있습니다. 자세한 과정은 생략하겠지만, 카테너리 곡선이 양 끝을 잡은 늘어진 사슬의 형태와 일치한다는 것은 계산이 가능합니다.

그런데 여기서 조금 궁금해지는 점이 있습니다. 과연 포물선과 카테너리 곡선은 얼마나 비슷한 곡선일까요? 188쪽에서 다루는 테일러 급수가 이를 뒷받침하고 있으니 정리해 보겠습니다. 우변의 x에 관한 항을 보면 a가 분모에 있지만 정수이므로 e^x라는 지수 함수를 먼저 살펴보면 된다는 것을 알 수 있습니다. e^x의 테일러 급수를 작성하면 다음과 같습니다.

$$e^x = \sum_{k=0}^{\infty} \frac{x^k}{k!} = 1 + \frac{x}{1!} + \frac{x^2}{2!} + \frac{x^3}{3!} + \cdots$$

우변을 보면 'x가 0에 가까워질 때 x^3 이후의 항에 대해서는 한없이 작아지고, e^x는 세 번째 항까지는 동등하게 비슷하다고 볼 수 있다'라는 것이 밝혀져 있습니다.

$$1 + \frac{x}{1!} + \frac{x^2}{2!} + \frac{x^3}{3!}$$

예를 들어 $x = 0.1$을 대입하면

$$1 + 0.1 + 0.01 \div 2 + 0.001 \div 6 = 1 + 0.1 + 0.005 + 0.00016$$
$$= 1.105 + 0.00016$$

3항까지의 합과 비교하면 4항부터는 값이 상당히 작아졌습니다. 계속해서 $x = 0.01$을 대입해 보겠습니다.

$$1 + 0.01 + 0.0001 \div 2 + 0.000001 \div 6$$

$$= 1 + 0.01 + 0.00005 + 0.00000016$$

$$= 1.01005 + 0.00000016$$

이제 4항의 값은 무시해도 될 만큼 작아졌습니다.

$$1 + \frac{x}{1!} - \frac{x^2}{2!}$$

이 식은 말 그대로 포물선의 식입니다. 마찬가지로 e^{-x}의 테일러 급수를 생각하더라도 4항 이후로는 무시할 수 있으므로 카테너리 곡선은 $x = 0$ 부근에서 포물선과 거의 같은 모양이 됩니다.

너무 간단하게 설명한 감은 있지만 카테너리 곡선은 이 포물선의 식에서 세제곱의 항 앞부분이 추가된 셈이므로 그림과 같이 형태의 차이가 발생하는 이유, 그리고 애초에 두 곡선이 상당히 비슷해진다는 사실을 수식과 도형을 통해 감각적으로 알 수 있지 않을까 싶습니다.

3장

공식은
훌륭하다

아인슈타인은 이렇게 말했다

$$\text{1회차} : a \times (1+R) = a \times r$$
$$\text{2회차} : a \times r \times r$$
$$\text{3회차} : a \times r \times r \times r$$
$$\vdots$$
$$\text{n회차} : a \times r^n$$

이번 장에서는 아인슈타인의 입에서 '인류 최대의 발명'이라는 말이 나오게 한 복리계산식을 가장 먼저 살펴보겠습니다. 위 식에서 a는 원금, R은 이자를 뜻하며 이후의 식을 간결하게 만들기 위해서 $1+R=r$로 두었습니다. 이 식은 n회차의 원금을 포함하는 자금을 나타낸 식입니다.

인생에 커다란 영향을 주는 금융과 보험에도 수학이 밀접하게 연관되어 있습니다. 그중에서도 대표적이면서 이해하기 쉬운 것이 바로 복리계산식입니다. 이 식이 유명한 이유와 그 특징을 파악하기 위해서 단리도 함께 설명하겠습니다.

복리는 그 이름처럼 돈의 '이자'에 관련된 것입니다. 예를 들면 은행과 같은 금융기관의 자금에 어느 정도의 이자가 붙는지를 계산할 때 등장합니다. '1년에 5%의 이자'가 붙는 경우, 원금이 100만 원이라면 1년 뒤에는 아래처럼 5만 원의 이자가 붙으며 105만 원으로 자금이 불어납니다.

100만 원×0.05＝5만 원

여기서 1년이 더 지나면 총액은 다음과 같이 변합니다.

105만 원×0.05＝5만 2,500원
105만 원＋5만 2,500원＝110만 2,500원

이런 식으로 총액이 붙은 이자만큼 늘어나며 그 총액에 대해서 다시 이자가 붙는 것이 복리입니다. 반면에 단리는 최초의 원금에 대한 이자액만 더해지므로 앞서 말한 최초의 원금 100만 원에 대한 이자, 다시 말하면 100만 원×0.05＝5만 원이 고정됩니다. 그래서 2년 차에는 105만 원＋5만 원＝110만 원이 됩니다.

복리와 단리의 차이를 이제 알게 되었는데, 그렇다면 실제로는 얼마나 차이가 나는 것일까요? 시험 삼아 자금을 20년간 운용했을 때 발생하는 차이를 살펴보겠습니다.

	단리(원)	복리(원)	차이
1년 차	₩1,050,000	₩1,050,000	₩0
2년 차	₩1,100,000	₩1,102,500	₩2,500
3년 차	₩1,150,000	₩1,157,625	₩7,625
4년 차	₩1,200,000	₩1,215,506	₩15,506
5년 차	₩1,250,000	₩1,276,282	₩26,282
6년 차	₩1,300,000	₩1,340,096	₩40,096
7년 차	₩1,350,000	₩1,407,100	₩57,100
8년 차	₩1,400,000	₩1,477,455	₩77,455
9년 차	₩1,450,000	₩1,551,328	₩101,328
10년 차	₩1,500,000	₩1,628,895	₩128,895
11년 차	₩1,550,000	₩1,710,339	₩160,339
12년 차	₩1,600,000	₩1,795,856	₩195,856
13년 차	₩1,650,000	₩1,885,649	₩235,649
14년 차	₩1,700,000	₩1,979,932	₩279,932
15년 차	₩1,750,000	₩2,078,928	₩328,928
16년 차	₩1,800,000	₩2,182,875	₩382,875
17년 차	₩1,850,000	₩2,292,018	₩442,018
18년 차	₩1,900,000	₩2,406,619	₩506,619
19년 차	₩1,950,000	₩2,526,950	₩576,950
20년 차	₩2,000,000	₩2,653,298	₩653,298

놀랍게도 20년 뒤에는 약 65만 원의 차이가 발생합니다. 그렇다고 해서 복리 상품이 무조건 이득이고 단리 상품이 무조건 손해라는 뜻은 아닙니다. 하지만 이 5%를 10%, 20%로 바꿔 다시 계산해 보면 그 차이는 각각 372만 원과 3,333만 원이라는 경악할 수치가 됩니다. 이렇게 장기 운용을 하거나 금리가 조금 변동되기만 해도 엄청난 결과의 차이가 발생하므로 앞서 소개한 아인슈타인의 발언이 널

리 알려진 것입니다. 복리 계산이 흥미롭게 느껴지지 않나요?

복리는 금리로 인해 크게 달라지므로 이에 관해 조금 더 자세히 알아보도록 하겠습니다. 여러분은 '72의 법칙'이라는 말을 들어본 적이 있나요?

72의 법칙이란 72라는 숫자를 연리(1년의 금리)로 나누면 '자산이 2배가 되기까지 걸리는 연수'가 대략 나온다는 것입니다. 예를 들어 연리가 2%와 3%인 경우는 각각 다음과 같습니다.

$$72 \div 2 = 36$$
$$72 \div 3 = 24$$

원금이 2배가 되기까지 각각 36년, 24년이 걸린다는 계산이 나옵니다. 실제로 계산하면 다음과 같습니다.

	연리 2%	연리 3%
	₩1,000,000	₩1,000,000
1년 차	₩1,020,000	₩1,030,000
2년 차	₩1,040,400	₩1,060,900
3년 차	₩1,061,208	₩1,092,727
21년 차	₩1,515,666	₩1,860,295
22년 차	₩1,545,980	₩1,916,103
23년 차	₩1,576,899	₩1,973,587
24년 차	₩1,608,437	₩2,032,794

25년 차	₩1,640,606	₩2,093,778
33년 차	₩1,922,231	₩2,652,335
34년 차	₩1,960,676	₩2,731,905
35년 차	₩1,999,890	₩2,813,862
36년 차	₩2,039,887	₩2,898,278
37년 차	₩2,080,685	₩2,985,227
38년 차	₩2,122,299	₩3,074,783

실제로 각각 36년, 24년 차가 되는 해에 총액이 200만 원을 넘습니다. 그렇다면 이 72라는 숫자의 정체는 무엇일까요? 여기서 가장 처음에 나온 식을 살펴보겠습니다.

n회차 : $a \times r^n$

'원래 수 a가 2배가 되는 n'을 살펴보겠습니다.

$a \times r^n = 2a$

$r^n = 2$

좌변이 n이 되도록 양변에 로그를 잡으면 다음과 같습니다.

$n \log r = \log 2$

$n = \dfrac{\log 2}{\log r}$

이때 x를 이자라고 하면 $r=1+x$로 나타낼 수 있습니다. 그리고 x의 값이 충분히 작을 때 다음과 같이 나타낼 수 있습니다.

$$\log(1+x) \fallingdotseq x$$

$\log 2 \fallingdotseq 0.69315$라는 정수이므로 다음과 같이 나타납니다.

$$n=\frac{\log 2}{\log r} \fallingdotseq \frac{\log 2}{x} \fallingdotseq \frac{0.69315}{x}$$

따라서 정확히는 72의 법칙이 아니라 69.315의 법칙입니다. 72의 법칙이 된 이유는 금리를 정수의 값으로 생각할 경우, 정수로 나누기 쉬운 수가 72이기 때문일 것입니다.(72는 100까지의 자연수 중에서 가장 약수가 많은 수 중 하나입니다.) 수학적으로 살펴보면 세상에 널리 알려진 법칙 속에서도 흥미로운 발견을 할 수 있습니다.

확률을 계산하면 놀라운 사실이 모습을 드러낸다

$$P = \frac{1}{a} \times \frac{1}{b} \times \frac{1}{c} \times \cdots$$

여러분은 '생일 역설'이라는 신비한 확률 이야기를 들어본 적이 있나요? 이 역설은 이름 그대로 생일에 관한 직감에 모순이 일어나는 이야기입니다. 내용은 다음과 같습니다.

"사람이 23명 있을 때, 그 안에 같은 생일인 사람이 있을 확률은 50 % 이상이다."

확률 계산식을 써서 문제를 확인해 보겠습니다.

먼저, 생일은 1년을 구성하는 일수입니다. 윤년의 2월 29일까지 포함하면 366일이 있습니다.

어떤 일이 연속해서 일어날 확률은 '조건부 확률'이라고 부르며 다음과 같은 식으로 구할 수 있습니다.

$$P = \frac{1}{a} \times \frac{1}{b} \times \frac{1}{c} \times \cdots$$

인류의 수가 적다고 가정하고 '생일이 같지 않을 확률'을 구해 보겠습니다. 2명이 있다면 그 2명의 생일이 같지 않을 확률은 1명의 생일을 고정하고, 그 사람과 겹치지 않는 생일을 365일 중에서 아무 날짜나 고르면 되므로 확률은 $\frac{365}{366}$입니다. 2명은 생일이 겹칠 일이 거의 없으므로 직관적으로 생각해도 모순되지 않아 보입니다.

3명의 경우는 동일하게 생각하면 세 번째 사람의 생일이 364일 중 하나에 해당하면 되므로 다음과 같습니다.

$$\frac{365}{366} \times \frac{364}{366} = \frac{132860}{133956} = 0.991818\cdots$$

사람 수가 늘어나더라도 동일하게 구하면 됩니다. 따라서 n명의 경우를 구하면 다음과 같습니다.

$$\frac{365}{366} \times \frac{364}{366} \times \cdots \times \frac{366-n+1}{366}$$

누군가와 생일이 겹치지 않을 확률은 이렇게 나오는데, '누군가와 생일이 겹칠 확률'은 어떻게 구해야 할까요?

확률로는 '모든 사건을 더한 전체를 1이라고 한다'라는 사실을 사용할 수 있으므로 1에서 이 확률을 뺀 것이 'n명 중에서 누군가의 생일이 겹치는 확률'이 됩니다.

$$1-\frac{365}{366}\times\frac{364}{366}\times\cdots\times\frac{366-n+1}{366}$$

이 식에 $n=1$부터 순서대로 넣어서 계산하면 $n=23$일 때 50% 를 넘는다는 사실을 알 수 있습니다.

즉 같은 생일인 사람이 있을 확률이 절반을 넘는 시점은 366일 의 절반인 183명이나 있을 필요가 없고, 오히려 그 값의 8분의 1인 23명이면 됩니다.

참고로 30명이 있으면 생일이 겹칠 확률은 3분의 2 이상입니다. 그리고 50명이 있으면 95% 이상의 확률로 같은 생일인 사람이 있 다는 계산이 나옵니다.

이 현상을 더 적은 인원수로 경험하는 방법이 있습니다. 예를 들면 12명이 '1부터 100까지의 수 중 좋아하는 수를 각각 정하고, 동시에 공개했을 때 수가 겹치면 패배하는 게임'으로 비슷한 경험을 할 수 있습니다. 식만 간단하게 소개하면 다음과 같습니다.

$$1 - \frac{99}{100} \times \frac{98}{100} \times \frac{97}{100} \times \cdots \times \frac{90}{100} \times \frac{89}{100}$$

$$= 0.49684 \cdots$$

거의 50 % 에 근접합니다. 이 밖에도 여러 비슷한 게임을 하면서 확률의 신비함을 경험할 수 있으니 여러분도 꼭 시도해 보시길 바랍니다.

통계는 기초가 중요하다

$$\sigma = \sqrt{\frac{1}{n}\sum_{i=1}^{n}(x_i-\bar{x})^2}$$

요즘은 통계와 빅데이터의 시대라고 하는데, 통계에서 정말 중요한 수와 수식이 있습니다. 비교적 친근한 표준편차 공식과 그 뜻을 소개합니다. 예시를 통해 먼저 알아보겠습니다.

국어 시험

A	B	C	D	E
55	60	70	60	65

수학 시험

A	B	C	D	E
25	95	40	90	60

위의 두 시험은 점수의 분포 상태가 상당히 다르지만 5명의 평균 점수는 둘 다 62점입니다.

$$(55+60+70+60+65) \div 5 = 62$$
$$(25+95+40+90+60) \div 5 = 62$$

그 이유는 평균을 계산할 때 모든 값을 더한 다음 더한 데이터의 수로 나눠 구하기 때문입니다. 식만 보아도 쉽게 이해할 수 있으며 시각적으로는 다음과 같은 그림으로도 한눈에 이해할 수 있습니다.

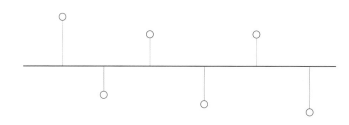

평균값을 검은색 가로선으로 나타냈을 때 이 선에서 얼마나 떨어져 있는지를 나타낸 것이 하늘색 선과 주황색 선입니다. 하늘색 선의 합과 주황색 선의 합이 같은 길이가 되는 선의 위치가 평균을 나타냅니다.

이런 식으로 시각적으로 나타내고 있는 것이 무엇인지 살펴보면 다음으로 알아볼 분산이라는 용어의 뜻을 더 쉽게 이해할 수 있습니다. 앞선 두 개의 데이터를 지금처럼 시각적으로 나타내면 다음과 같습니다.

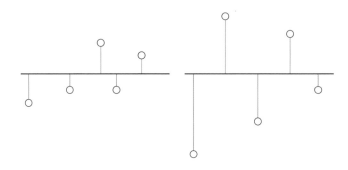

두 그림 모두 평균점이 62점임에도 불구하고 오른쪽 그림은 평균 선에서 크게 벗어난 선이 많이 보입니다. 이렇게 벗어나는 양을 나타낸 것이 바로 분산입니다.

분산은 각 데이터와 평균값의 차를 구하고 이를 제곱해 더합니다. 그리고 평균값과 마찬가지로 데이터의 수로 나누어서 구합니다. 분산은 영어로 분산(variance)의 앞글자인 'v'로 표기하는 경우가 많아 다음과 같이 나타냅니다.

$$v = \frac{1}{n} \sum_{i=1}^{n} (x_i - \bar{x})^2$$

따라서 국어와 수학의 시험 분산을 각각 나타내면 이렇습니다.

$$(7^2 + 2^2 + 8^2 + 2^2 + 3^2) \div 5 = 26$$

$$(37^2 + 33^2 + 22^2 + 28^2 + 2^2) \div 5 = 746$$

이때 제곱을 하는 이유는 값을 그대로 더하면 양의 값과 음의 값을 더하게 되므로 편차를 올바르게 평가할 수 없기 때문입니다. 물론 절댓값을 쓰면 분산과 같은 값을 구할 수는 있지만, 분산의 수치 자체에 커다란 의미는 없습니다.(예를 들어 10점 만점인 시험과 100점 만점인 시험은 분산의 식 특성상 100점 만점인 시험의 분산 값이 커지기 쉽습니다.) 따라서 이해하기 쉽도록 제곱을 한다고 생각해도 무방합니다.

여기에 제곱근을 붙이면 표준편차의 값을 구할 수 있습니다. 이렇게 완성된 식이 처음에 소개한 표준편차 σ(시그마)의 식입니다.

$$\sigma = \sqrt{\frac{1}{n} \sum_{i=1}^{n} (x_i - \bar{x})^2}$$

분산의 값은 커지기 쉬워서 제곱근으로 되돌린다는 뜻으로 이해해도 괜찮습니다. 편차치를 구할 때는 이 표준편차 σ가 활약합니다. 데이터가 정규분포라고 부르는 분포일 때 표준편차의 값을 사용해서 다음 그래프처럼 분류할 수 있습니다.

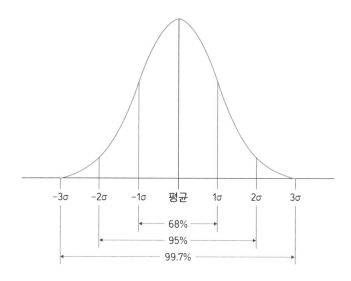

이 그래프는 ±σ값의 범위에 데이터가 정규분포라면 68%의 요소가 모여 있다고 계산할 수 있습니다. 2배인 ±2σ의 범위로 잡으면 95%의 요소가 존재하고, ±3σ에서는 99.7%가 모여 있다는 계산이 가능함을 나타냅니다.

평균값에 표준편차의 값을 더하고 빼면 그 범위에 데이터가 얼마나 포함되어 있는지 구할 수 있습니다. 이러한 발상을 활용한 것이 입시나 시험 성적 등에서 자주 볼 수 있는 표준편차(편차치)입니다.

오차방정식 이상은 공식이 없다

삼차방정식 $x^3+ax^2+bx+c=0$의 해는

$$x=-\frac{a}{3}+\sqrt[3]{-\frac{27c+2a^3-9ab}{54}+\sqrt{\left(\frac{27c+2a^3-9ab}{54}\right)^2+\left(\frac{3b-a^2}{9}\right)^3}}$$

$$+\sqrt[3]{-\frac{27c+2a^3-9ab}{54}-\sqrt{\left(\frac{27c+2a^3-9ab}{54}\right)^2+\left(\frac{3b-a^2}{9}\right)^3}},$$

$$-\frac{a}{3}+\frac{-1+\sqrt{3}i}{2}\sqrt[3]{-\frac{27c+2a^3-9ab}{54}+\sqrt{\left(\frac{27c+2a^3-9ab}{54}\right)^2+\left(\frac{3b-a^2}{9}\right)^3}}$$

$$+\frac{-1-\sqrt{3}i}{2}\sqrt[3]{-\frac{27c+2a^3-9ab}{54}-\sqrt{\left(\frac{27c+2a^3-9ab}{54}\right)^2+\left(\frac{3b-a^2}{9}\right)^3}},$$

$$-\frac{a}{3}+\frac{-1-\sqrt{3}i}{2}\sqrt[3]{-\frac{27c+2a^3-9ab}{54}+\sqrt{\left(\frac{27c+2a^3-9ab}{54}\right)^2+\left(\frac{3b-a^2}{9}\right)^3}}$$

$$+\frac{-1+\sqrt{3}i}{2}\sqrt[3]{-\frac{27c+2a^3+9ab}{54}-\sqrt{\left(\frac{27c+2a^3-9ab}{54}\right)^2+\left(\frac{3b-a^2}{9}\right)^3}}$$

'근의 공식'이라는 단어는 아주 친숙하게 들릴 것입니다. 이차방정식, $ax^2+bx+c=0$의 근의 공식은 다음과 같습니다.

$$x = \frac{-b \pm \sqrt{b^2 - 4ac}}{2a}$$

이 식은 원래 이차방정식을 적절하게 변형하면 도출할 수 있습니다. 계속 사용하다 보니 아예 외우는 사람도 많을 것입니다.

이번에 소개하는 것은 삼차방정식의 근의 공식입니다. 앞에서 봤듯이 거의 지면 전체를 할애해야 표기할 수 있을 정도로 아주 복잡합니다. 어떻게 해서 이 공식이 발견되었는지 그 역사를 알아보도록 하겠습니다.

기원전 3세기에 수학자 유클리드는 《원론》이라는 책을 썼습니다. 이 시대부터 이차방정식이라는 개념 자체는 존재했습니다. 다만 현재처럼 식으로 문제를 작성한 것은 아니었습니다. 예를 들어 "어떤 수의 제곱에 8을 더한 수가 원래 수의 6배와 동등하다. 어떤 수는 무엇인가?"와 같이 문제를 표현했다고 합니다. 이 문제를 도형으로 나타내면 다음 그림과 같습니다.

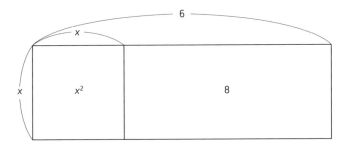

도형으로 나타냈다는 것은 근이 음수나 허수가 나오는 문제가 아니었음을 알 수 있습니다. 이 그림을 통해 푸는 법을 자세하게 설명하지는 않겠지만, 당시에는 공식이 존재하지 않아서 그림으로 문제를 풀었습니다. 그리고 약 2000년 후인 1600년대, 데카르트 덕분에 현재 우리가 사용하는 근의 공식이 작성된 기록이 출판되었습니다.

이제부터 본론입니다. 삼차방정식의 근의 공식은 이차방정식과 비교하면 아주 길며 직관적으로 이해하기 어려운 식으로 되어 있습니다.

공식을 처음 발견한 사람은 이탈리아의 수학자 폰타나(통칭 타르탈리아)로 알려져 있습니다. 폰타나는 근의 공식을 발견한 것을 오랜 시간 숨겼습니다. 하지만 소문을 들은 수학자 카르다노에게 절대로 발설하지 않는 조건으로 가르쳤다고 합니다. 이후 카르다노는 삼차방정식의 해법을 실은 책을 출판하며 이를 세상에 널리 알렸습니다.

그래서 이 공식은 카르다노로 인해 널리 알려진 것으로 끝나지 않고 '카르다노의 공식'이라는 이름이 붙고 말았다는 잔혹하면서도 슬픈 에피소드가 있습니다. 공식의 도출 방법을 이해하는 것보다 이러한 일화가 공식의 훌륭함을 더욱 잘 전달하는 것 같습니다.

삼차방정식의 근의 공식은 어떻게 도출하는 것일까요? 그 과정은 상당히 어렵고 깁니다. 따라서 그 대신 삼차방정식의 특징을 소개하겠습니다.

삼차방정식의 이름처럼 근은 최대 3개가 존재하며 그중에는 허수근이 포함되는 경우가 있습니다. 근의 가능성을 자세하게 분류하면 실근이 3개인 경우, 실근이 2개인 경우(남은 하나는 중근이라 부릅니다.), 실근이 1개에 허수근이 2개인 경우가 있습니다. 덧붙이자면 허수근을 포함하는 경우는 '켤레 복소수'라고 부르는데, 한쪽의 허수근이 $a+bi$라면 다른 쪽은 반드시 $a-bi$의 형태로 나타납니다.

근의 가능성을 파악하고 나면 삼차방정식은 허수근이 3개 존재할 수 없고, 반드시 실근이 하나는 존재해야 한다는 사실을 알 수 있으므로 실근을 하나라도 찾으면 근에 가까이 다가갈 수 있다는 뜻이 됩니다. 이 실근을 a라고 두면 삼차방정식의 식을 변형하여 다음과 같이 나타낼 수 있습니다.

$$(x-a)(이차식)=0$$

여기서 남은 이차식을 이차방정식의 근의 공식으로 계산하면 삼차방정식의 모든 근을 찾을 수 있습니다. 물론 실근을 하나라도 발견하려면 상당한 노력이 필요하므로 어쨌든 삼차방정식의 근을 구하는 일은 어렵습니다.

그렇다면 삼차방정식보다 1차수를 늘린 사차방정식은 어떻게 될까요? 사차방정식의 근의 공식은 10페이지에 이르는 설명이 필요합니다. 대신에 삼차방정식에서도 다뤘던 근의 종류를 소개하겠습니다. 사차방정식이 가진 근의 가능성은 4개의 근이 모두 실근인 경우(중근의 유무로 근의 수가 4개, 2개, 1개인 경우가 있습니다.), 허근이 2개인 경우, 4개 전부 허근인 경우로 나눌 수 있습니다.

이 사실을 단서로 삼아서 삼차방정식과 같은 방법으로 공식을 도출할 수 있습니다. 참고로 여기서 1차수를 하나 더 늘린 오차방정식의 근의 공식은 존재하지 않습니다. 마찬가지로 오차방정식 이상의 경우에도 근의 공식은 존재하지 않습니다. 이와 관련해서는 수학자 아벨과 루피니가 큰 공헌을 세워 도출한 '아벨 루피니 정리'가 있습니다.

사차방정식까지는 근의 공식이 존재하는데 오차방정식은 왜 공식이 존재하지 않을까요? 호기심이 마구 생깁니다. 천재 수학자로 유명한 갈루아는 오차방정식의 근의 공식이 존재하지 않는 것을 나타내려는 과정에서 '군'이라고 부르는 근대 대수학의 개념에 도달했다는 이야기도 있습니다. 근의 공식에 관한 이야기는 현대 수학의 문이라고 불러도 좋을 만큼 중요합니다. 관심이 가는 분은 이 커다란 문을 열어보는 것을 추천합니다.

유클리드
원론

변의 길이와 각도의 관계를 밝힌다

$$a^2=b^2+c^2-2bc\cos A$$
$$b^2=c^2+a^2-2ca\cos B$$
$$c^2=a^2+b^2-2ab\cos C$$

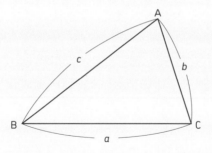

코사인 법칙은 세 변의 길이 정보를 바탕으로 삼각형의 각도를 구할 수 있다는 훌륭한 아이디어입니다. 발상을 전환하면 변 2개와 각도 1개의 정보로도 남은 변의 길이를 구할 수 있습니다.

사실 코사인 법칙은 의외로 역사가 깊습니다. 무려 유클리드의 《원론》에도 코사인 법칙과 비슷한 내용이 적혀 있습니다. 그러나 당시에는 아직 삼각함수가 발견되지 않았으므로 지금과 다른 형태로 표기되어 있었습니다.

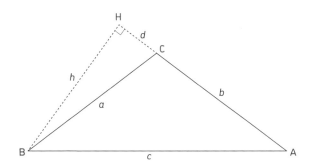

△ABC를 둔각삼각형으로 두고 c의 길이를 모른다고 가정하겠습니다. 점 B에서 직선 AC로 수선을 내리고 AC와의 교점을 H로 둡니다. CH=d, BH=h로 두 값이 나와 있다고 하겠습니다. △AHB에 피타고라스 정리를 적용하면 다음이 성립합니다.

$$c^2 = h^2 + (b+d)^2 \cdots ①$$

또한 △BCH에 피타고라스 정리를 적용하면 다음과 같이 나옵니다.

$$a^2 = h^2 + d^2 \cdots ②$$

①−②를 계산합니다.

$$c^2 - a^2 = (b+d)^2 - d^2$$
$$c^2 = a^2 + b^2 + 2bd$$

이렇게 현대의 삼각함수 지식 없이도 변과 수선의 길이로 계산하는 기술을 갖고 있었습니다.

《원론》에는 여기까지만 적혀 있지만, 이 식을 현재 우리가 사용하는 코사인 법칙의 형태로 변형해 보겠습니다. ∠C는 둔각이므로 다음이 성립합니다.

$$\cos C = -\frac{d}{a}$$

이를 위의 식에 대입하여 d를 사용하지 않는 식으로 변형합니다.

$d = -a \cos C$를 대입합니다.

$$c^2 = a^2 + b^2 - 2ab \cos C$$

이렇게 익숙한 코사인 법칙의 식이 되었습니다.

△ABC가 예각삼각형인 경우도 살펴보겠습니다. 둔각삼각형일

때와 다른 것은 AH의 길이를 잡는 법입니다. AH=$b-d$로 나타냅니다. 이후로는 마찬가지로 두 개의 삼각형에 피타고라스 정리를 적용합니다.

$$c^2=h^2+(b-d)^2 \cdots ③$$
$$a^2=h^2+d^2 \cdots ④$$

③에서 ④를 뺍니다.

$$c^2=a^2+b^2-2bd$$

그러면 이와 같은 식이 나옵니다. 이 식도 $\cos C$를 사용한 식으로 변형해 보겠습니다. $\angle C$는 예각이므로 $\cos C=\dfrac{d}{a}$ 가 됩니다. 따라서 $d=a\cos C$입니다. 이를 위 식에 대입합니다.

$$c^2=a^2+b^2-2ab\cos C$$

이렇게 둔각삼각형과 같은 식이 되었습니다. 지금까지의 과정을 통해서 여러분도 코사인 법칙을 도출할 수 있습니다. 정리를 도출하는 즐거움이 느껴지나요?

배각, 반각의 정리를 도출한다

$$\sin(\alpha+\beta) = \sin\alpha \cdot \cos\beta + \cos\alpha \cdot \sin\beta$$

$$\sin(\alpha-\beta) = \sin\alpha \cdot \cos\beta - \cos\alpha \cdot \sin\beta$$

$$\cos(\alpha+\beta) = \cos\alpha \cdot \cos\beta - \sin\alpha \cdot \sin\beta$$

$$\cos(\alpha-\beta) = \cos\alpha \cdot \cos\beta + \sin\alpha \cdot \sin\beta$$

$$\tan(\alpha+\beta) = \frac{\tan\alpha + \tan\beta}{1 - \tan\alpha \cdot \tan\beta}$$

$$\tan(\alpha-\beta) = \frac{\tan\alpha - \tan\beta}{1 + \tan\alpha \cdot \tan\beta}$$

덧셈정리는 삼각함수에서 중요한 정리입니다. 이 정리의 특징은 외우는 방법이 존재한다는 것입니다. '사코플코사 코코마사사' 같은 식으로 글자를 따서 외워본 사람도 많을 것입니다.

물론 글자를 따서 외우는 방법이 나쁜 것은 아니지만, 여기서는 덧셈정리의 의미와 성립하는 구조를 알아보겠습니다. 쉽게 증명하려면 단위 방법을 사용하면 됩니다.

아래 그림과 같이 α, β, P, Q를 잡습니다. 그러면 각 α와 각 β의 차이인 각 $\alpha - \beta$가 하나의 각도인 △OPQ가 만들어집니다. 이 삼각형을 보고 PQ의 길이를 두 가지 방법으로 나타내면 덧셈정리의 식을 만들 수 있습니다.

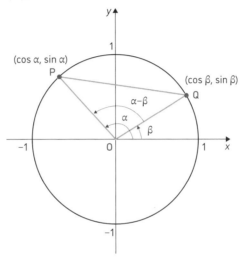

하나는 P와 Q의 좌표를 보고 PQ의 길이를 구하는 방법, 다른 하나는 코사인 법칙을 사용하여 구하는 방법입니다. 그러면 다음과 같은 식이 만들어집니다. 이를 변형해 정리하면 덧셈정리를 도출할 수 있습니다.

$$
\begin{aligned}
PQ^2 &= (\cos\beta - \cos\alpha)^2 + (\sin\beta - \sin\alpha)^2 \\
&= \cos^2\beta + \sin^2\beta + \cos^2\alpha + \sin^2\alpha \\
&\quad - 2\sqrt{\cos^2\alpha + \sin^2\alpha}\ \sqrt{\cos^2\beta + \sin^2\beta}\ \cos(\alpha - \beta)
\end{aligned}
$$

참고로 이 정리를 알면 2배각 공식과 반각 공식 등을 도출할 수 있습니다. 삼각함수의 단원을 이해할 때 큰 도움이 됩니다.

삼각비의 값을 구하기만 하는 것이라면 1도마다 sin, cos, tan에 대한 값이 표기된 삼각함수표를 이용하면 됩니다. 그러나 삼각함수가 포함된 방정식의 근을 구하거나 적분하는 경우에는 이 배각·반각 공식이 활약할 때가 많습니다. 앞에서도 말씀드렸듯이 덧셈정리는 아주 중요한 공식입니다.

원주율도 이 원리로 계산한다

$$b_n \leq a_n \leq c_n$$
$$\downarrow$$
$$\lim_{n \to \infty} b_n = \lim_{n \to \infty} c_n = \alpha$$
$$\downarrow$$
$$\lim_{n \to \infty} a_n = \alpha$$

샌드위치 정리는 이름만 봐도 직관적으로 이해할 수 있는 원리입니다. 같은 극한을 가지는 함수가 2개 이상일 때, 그 사이에 들어가는 함수도 같은 극한을 가진다는 내용입니다.

도형으로도 이 원리와 가까운 시도를 한 적이 있을 만큼 유명합니다. 아르키메데스가 원주율과 관련한 이야기를 하기도 했습니다.

아르키메데스는 원주율을 구할 때 필요한 원의 둘레를 다각형으로 원을 둘러싸서 구하려 했습니다. 직접 극한을 구하지 못하자 두 도형 사이에 끼워서 답을 얻는다는 점이 아주 흥미롭지요. 이런 점이 수학의 묘미일 것입니다. 간단한 예시를 하나 들어보겠습니다.

$\frac{\sin x}{x}$의 x가 ∞(무한대)인 경우의 값을 구할 때 샌드위치 정리를 사용할 수 있습니다.

$$-\frac{1}{x} < \frac{\sin x}{x} < \frac{1}{x}$$

위가 성립하므로 좌우의 극한을 잡으면 좌우 모두 0이 됩니다. 다시 말하면 가운데의 함수도 0이 된다는 뜻입니다.

참고로 $\frac{\sin x}{x}$의 x가 0일 때 어떻게 되는지도 샌드위치 정리를 사용하면 증명할 수 있습니다. 다음과 같은 그림을 그려 시각적으로도 확인할 수 있습니다.

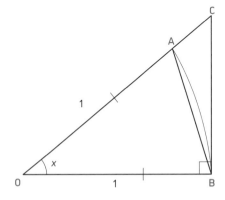

도형의 면적을 비교하면 다음과 같습니다.

삼각형 OAB < 부채꼴 OAB < 삼각형 OBC

따라서 중심의 각도를 x로 두면 각 면적을 다음과 같이 나타낼 수 있습니다.

$$\frac{1}{2}\sin x < \frac{x}{2} < \frac{1}{2}\tan x$$

여기서 각각 역수를 잡습니다.

$$\frac{2}{\tan x} < \frac{2}{x} < \frac{2}{\sin x}$$

여기서 양변에 $\frac{\sin x}{2}$를 곱합니다.

$$\cos x < \frac{\sin x}{x} < 1$$

그리고 $x \rightarrow 0$이라는 극한을 잡으면 샌드위치 정리로 인해 좌변의 $\cos x$는 1이 됩니다. 따라서 아래 값이 나옵니다.

$$\frac{\sin x}{x} = 1$$

$y = \dfrac{\sin x}{x}$ 함수는 그래프로 나타내면 다음과 같이 나오는데, 막상 $x = 0$일 때와 $x = \infty$일 때를 확인하려면 다소 번거로운 작업을 해야 합니다.

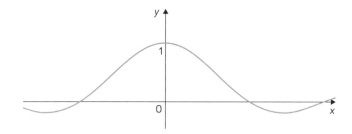

미분의 본질을 정의한다

$$f'(a) = \lim_{h \to 0} \frac{f(a+h) - f(a)}{h}$$

도함수는 미분을 할 때 필요한 함수를 가리킵니다. 언뜻 보면 식의 뜻을 알기 힘들어 보이지만 그래프의 상황과 함께 이해하면 수학의 재미를 느낄 수 있습니다.

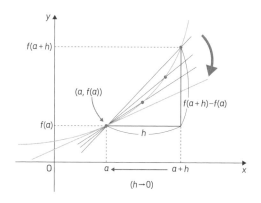

핵심은 고등학교 수학에서 배우는 평균변화율입니다.

$$\frac{f(b)-f(a)}{b-a}$$

이는 그래프 위의 두 점을 잡고 그 변화율들의 평균을 구하는 식입니다. 평균을 잡으면 넓은 범위에서는 물론 훨씬 좁은 범위에서도 평균을 잡을 수 있습니다.

그렇다면 이때 한없이 범위를 좁히면 어떻게 될까요? 이를 나타낸 것이 도함수의 식입니다. 한없이 범위를 좁히다 1개의 점으로 모인 순간의 그림을 상상하기란 어려운 일이지만, 특정 기울기로 수렴하는 모습을 알 수는 있습니다. 그 극한의 순간이 함수의 기울기입니다.

여기서 주의해야 할 점은 0을 대입하는 것이 아니라 h의 값을 한없이 0에 가깝게 하는 것입니다. h에 0을 대입하면 분모가 0이 되면서 값을 정의할 수 없습니다. 따라서 0에 가까워지는 극한의 발상을 사용하게 되었으며 그 결과로 탄생한 것이 미적분의 개념입니다.

실제로 $f(x)=x^3$의 도함수를 구해보겠습니다.

$$f'(x) = \lim_{h \to 0} \frac{f(x+h)-f(x)}{h}$$
$$= \lim_{h \to 0} \frac{(x+h)^3 - x^3}{h}$$
$$= \lim_{h \to 0} \frac{x^3 + 3x^2h + 3xh^2 + h^3 - x^3}{h}$$

$$= \lim_{h \to 0} (3x^2 + 3xh + h^2)$$

$$= 3x^2 + 0 + 0 = 3x^2$$

이렇게 x^3의 도함수가 $3x^2$이라는 것을 알 수 있습니다.

고등학교 수학에서는 거듭제곱을 내리고 계수를 곱해서 거듭제곱이 1 낮아진다는 식으로 배우는 경우가 많아 미분을 기계적으로 계산한다는 인상이 강하게 남아 있을지 모릅니다. 이 수식과 계산 방법은 미분의 원리를 따르고 있으므로 꼭 익혀두면 좋겠습니다.

함수의 극한 계산에서
절대적인 효과를 발휘한다

$$\lim_{x \to a} \frac{f(x)}{g(x)} = \lim_{x \to a} \frac{f'(x)}{g'(x)}$$

분수의 함수를 다음과 같이 정의하고, 이 함수의 극한을 알아봅시다.

$$F(x) = \frac{f(x)}{g(x)}, \quad \lim_{x \to a} \frac{f(x)}{g(x)} = \frac{0}{0}$$

그러나 이때 위 오른쪽 식처럼 부정형이 나오는 경우가 있습니다.

$$F(x) = \frac{1 - \cos x}{x^2}$$

예를 들면 위 식에서 $x \to a$의 극한을 구하고 싶을 때, 분모와 분자가 모두 0이 됩니다. 그러면 이 분수 함수의 어떤 점 α의 값을 구할 수 없습니다. 이때 로피탈의 정리를 사용하면 구할 수 있습니다.

$$\lim_{x \to a} \frac{f'(x)}{g'(x)} = m$$

이 방법은 $f(x)$와 $g(x)$를 각각 미분한 $f'(x)$와 $g'(x)$가 위를 만족한다면 다음과 같은 원래 식도 성립한다는 내용이 로피탈의 정리입니다.

$$\lim_{x \to a} \frac{f(x)}{g(x)} = \lim_{x \to a} \frac{f'(x)}{g'(x)} = m$$

이를 사용하면 m의 값을 파악할 수 있습니다. 이것이 얼마나 훌륭한 공식인지 이해가 되지 않을 수 있습니다. 그러나 극한을 발견한 상황에서 이 공식이 있으면 곧바로 풀릴 때가 있어서 놀랍기도 합니다. 다음과 같은 함수도 분모와 분자가 그대로인 상태에서는 처리할 수 없습니다.

$$\lim_{x \to \infty} \frac{x}{e^x}$$

하지만 로피탈의 정리를 사용하면 다음과 같이 계산할 수 있습니다.

$$\lim_{x \to \infty} \frac{x}{e^x} = \lim_{x \to \infty} \frac{(x)'}{(e^x)'} = \lim_{x \to \infty} \frac{1}{e^x} = 0$$

여기서 재미있는 점은 로피탈의 정리를 계속 사용할 수 있다는 것입니다.

$$\lim_{x \to \infty} = \frac{x^2}{e^x}$$

예를 들면 위와 같은 함수의 경우, 2번 적용하면 지난 식과 마찬가지로 계산할 수 있습니다.

$$\lim_{x \to \infty} \frac{x^2}{e^x} = \lim_{x \to \infty} \frac{2}{e^x} = 0$$

이렇게 나옵니다. 처음에 소개한 $F(x) = \frac{1 - \cos x}{x^2}$ 도 로피탈의 정리를 사용할 수 있습니다.

$$\lim_{x \to 0} \frac{1 - \cos x}{x^2} = \lim_{x \to 0} \frac{\sin x}{2x} = \lim_{x \to 0} \frac{\cos x}{2} = \frac{1}{2}$$

이런 식으로 간단하게 답을 구할 수 있습니다. 복잡해 보이는 식도 간단히 답을 도출해 내는 위력에 흥미가 생기지 않나요?

함수의 면적을 적분으로 도출한다

$$\int_a^\beta (x-\alpha)(x-\beta)\,dx = -\frac{1}{6}(\beta-\alpha)^3$$

도함수에 이어서 직관적이며 쉽게 이해할 수 있는 미적분 분야의 수식을 소개하겠습니다. 바로 포물선의 면적을 구하는 공식입니다.

적분을 설명하는 방식은 다양하지만, 여기서는 결과에 초점을 맞춰 설명하겠습니다. 적분이란 어느 함수를 나타내는 그래프에서 특정 범위(예를 들면 $x=a$부터 $x=b$까지)에 그 그래프와 $x=a$ 및 $x=b$라는 직선이 이루는 영역의 면적을 구하기 위해 이용하는 방법입니다. (면적은 음의 값인 경우도 있음) 위 수식은 포물선과 x축으로 둘러싸인 영역의 면적을 구하는 공식으로 이를 계산할 때 적분이 활약합니다.

물론 적분은 현대 수학에서 가장 다양한 분야를 넘나들며 활약하고 있지만, 면적을 구하는 것은 어디까지나 소극적인 활용 방법에 불과합니다. 그래도 역사를 되짚어 보면 이 '면적 구하기'라는 도전은 고대 그리스부터 이어졌습니다. 그 예로 실진법(소진법)이 있습니다. 이 방법을 처음 떠올린 이는 다른 사람이지만 고대 그리스의 수학자 에우독소스가 이 이론의 체계를 세웠다고 알려져 있습니다.

실진법은 원의 면적을 구할 때도 사용되었습니다. 구하고 싶은 도형 안에 다각형을 둔 다음, 그 다각형보다 각 수가 더 많은 다각형으로 바꿉니다. 이를 반복하면 어떤 도형의 면적이라도 구할 수 있다는 아이디어입니다. 적분에서도 범위를 잘게 나눠 면적을 정확하게 구하는 등 이와 같은 발상을 사용합니다.

다시 이 장 맨 처음에 나온 수식 이야기로 돌아와서 식의 의미를 파헤쳐 보겠습니다. 좌변은 적분의 식입니다. 우변은 좌변의 식을 그대로 적분한 값이 아니라 포물선과 x축의 교점인 α, β를 사용하여 인수분해를 한 식입니다.

$$-\frac{1}{6}(\beta-\alpha)^3$$

이 값을 구하려면 단순한 적분 방법을 따라가다 최종적으로 인수분해를 해도 되지만, 생각을 조금 바꿔서 계산하면 간단하게 구할 수 있습니다.

$$\int_\alpha^\beta (x-\alpha)(x-\beta)dx$$

$$= \int_\alpha^\beta (x-\alpha)\{(x-\alpha)+(\alpha-\beta)\}dx$$

$$= \int_\alpha^\beta \{(x-\alpha)^2 + (\alpha-\beta)(x-\alpha)\}dx$$

$$= \left[\frac{(x-\alpha)^3}{3} - (\beta-\alpha)\frac{(x-\alpha)^2}{2} \right]_\alpha^\beta$$

$$= -\frac{(\beta-\alpha)^3}{6}$$

1행부터 2행까지의 식을 전개하는 것이 아니라,

$$x-\beta = x-\alpha+\alpha-\beta$$

위의 식에서부터 항을 정리해 가면 적분하기 쉬운 2개의 덩어리로 나눌 수 있습니다. 그다음에 적분을 하면 두 번째 덩어리가 0이 되며 결과적으로 하나의 덩어리가 남습니다.

$$y = (x-1)(x-3)$$
$$y = 2(x-1)(x-3)$$

예를 들어 다음 포물선을 비교할 때 이 수식으로 인해 각 함수와 x축이 만드는 면적의 차이를 생각해 보겠습니다. 위의 공식으로 인해

$(x-1)(x-3)$은 마찬가지로 $-\dfrac{(3-1)^3}{6}$ 이므로 차이로 따지면 계수의 2배밖에 나지 않습니다. 따라서 정확히 2배가 되며 바로 이해할 수 있습니다.

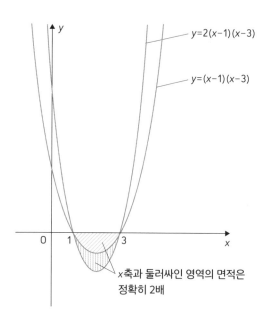

삼각형과 사각형의 면적을 구하는 공식은 비교적 친숙하지만, 포물선의 면적도 공식처럼 정리할 수 있다고 하니 흥미롭지 않나요?

이름은 '소'지만 막대한 공헌을 한다

$$a^{p-1} \equiv 1 \ (mod \ p)$$

페르마의 소정리는 이름에 '작다'라는 뜻이 있지만 이름과는 달리 아주 중요한 역할을 맡는 공식입니다. p를 소수로 두고, a를 p의 배수가 아닌 정수(a와 p는 서로소)라고 할 때 아래의 식이 성립한다는 것입니다.

$$a^{p-1} \equiv 1 \ (mod \ p)$$

mod라는 기호가 낯선 사람도 많을 것입니다. 쉽게 말하면 'a^{p-1}을 p로 나눈 나머지가 1이 된다'라는 뜻입니다.

$$5 \equiv 1 (\text{mod } 2)$$

$$7 \equiv 2 (\text{mod } 5)$$

예를 들면 위와 같은 것인데, 첫 번째는 5를 2로 나눈 나머지가 1이며 두 번째는 7을 5로 나눈 나머지가 2라는 뜻입니다. 그렇다면 이 mod를 활용해서 $p=3$이라고 가정하고 $a=1$부터 대입해 보겠습니다.

$a=1$ $1^{3-1}=1^2=1$

$a=2$ $2^2=4$

$a=3$ $3^2=9$

$a=4$ $4^2=16$

이를 3으로 나누면 $a=1, 2, 4$일 때 나머지가 1이 됩니다.($a=3$일 때는 p 역시 3의 배수이므로 조건에 포함되지 않습니다.) 페르마의 소정리는 페르마의 마지막 정리와 비교하면 증명이 아주 쉬워서 이항정리를 활용해 증명할 수 있습니다.

앞서 이 정리가 매우 중요하다고 말했는데, 그 이유는 이 성질이 현재 암호 기술에 사용되고 있기 때문입니다. 통상 암호화는 'a를 c로, b를 d로 변환한다'처럼 일정 규칙을 따릅니다. 방금 예시로 든 규칙은 알파벳을 두 순서 뒤로 넘기는 것이겠지요. 이때는 암호화 규칙을 거꾸로 따라가면 원래 문장으로 되돌릴 수 있습니다. 지금 경우에는 두 순서 앞으로 넘겨서 'c를 a로, d를 b로 되돌린다'라는 식입니다.

물론 이 정도로 단순한 암호화 규칙은 사용하지 않지만, 이 방식의 약점은 암호화의 규칙이 외부로 유출되면 누구나 원래 메시지를 해독할 수 있다는 것입니다. 물론 규칙 유출만 막으면 문제가 없지만 정보를 주고받는 상대에게 규칙을 전달해야 한다는 문제가 있습니다. 따라서 유출될 위험성을 0으로 만들기는 구조적으로 불가능합니다.

이 약점을 보완한 RSA 암호는 암호화한 문장을 원래대로 되돌리기 위해 규칙을 거꾸로 따라가지 않아도 되는 암호 기술입니다. 이 기술에서 활약하는 것이 바로 페르마의 소정리입니다.

$$(a^n)^m \equiv a \quad (\mathrm{mod}\ p)$$

예를 들어 위 식이 성립한다고 할 때, a를 원래 문장으로 생각하면 a^n은 암호문입니다. 그리고 여기서 m제곱을 하면 a로 돌아간다는 것을 나타내고 있습니다. 이는 'a를 n제곱해서 암호화했을 때, 다음으로 m제곱을 하면 원래 a로 돌아간다(원래 메시지로 돌아갈 수 있다)'라는 것을 뜻합니다.

이 방법은 'n제곱한다'라는 암호화 방법이 외부로 유출되더라도 원래대로 되돌릴 수 있는 'm제곱한다'라는 정보는 그 누구에게도 전달할 필요가 없으므로 안전합니다.

간단해 보이는 수식이지만, 이 정리가 현대 사회에서 널리 쓰이는 신용카드를 비롯해 거대한 금융 시스템을 지탱하는 모습을 보면 누구나 크게 감명을 받을 것이라 생각합니다.

신비한 수학의 세계로 진입한다

$$\zeta(s) = \sum_{n=1}^{\infty} \frac{1}{n^s} = \prod_{p:소수} \frac{1}{1 - \frac{1}{p^s}}$$

이 식의 중간 변은 시그마($\sum$)를 사용하지 않는 기호로 바꾸면 다음과 같습니다.

$$\frac{1}{1^s} + \frac{1}{2^s} + \frac{1}{3^s} + \cdots$$

무한으로 이어지는 합, 무한급수를 나타낸다는 사실을 알 수 있습니다. 이 공식은 제타 함수의 정의를 나타낸 것으로 어디까지나 s 라는 값에 대해 제타 함수를 이런 식으로 둔다는 뜻입니다. 이 수식을 더욱 깊게 파고들면 신비한 발견과 해결되지 않은 흥미로운 이야기를 알 수 있습니다.

s에는 정수뿐 아니라 실수, 복소수까지 다양한 값을 넣을 수 있습니다. 복소수는 허수 i도 포함한 수를 말하는데, 일단 쉬운 수를 넣어서 식이 어떤 의미를 지니는지 확인해 보겠습니다.

예를 들어 $s=1$을 대입하면 식이 다음과 같이 나옵니다.

$$\zeta(1) = \sum_{n=1}^{\infty} \frac{1}{n} = 1 + \frac{1}{2} + \frac{1}{3} + \frac{1}{4} + \frac{1}{5} + \cdots$$

이 식의 답은 무한대입니다. 자세한 설명은 생략하겠지만 우변의 값을 간단히 정리해 보겠습니다.

$$\frac{1}{3} + \frac{1}{4} > \frac{1}{2} \quad \text{또는} \quad \frac{1}{5} + \frac{1}{6} + \frac{1}{7} + \frac{1}{8} > \frac{1}{2}$$

계속 이어지는 우변을 위과 같이 규칙적으로 구획을 나누면 $\frac{1}{2}$보다 큰 덩어리를 무한으로 만들 수 있고, 그 합도 무한대가 되므로 증명할 수 있습니다.

이렇게 $s=1$이 되는 경우를 살펴보았는데, 이 제타 함수는 s에 대입하는 값을 바꾸면 전혀 다른 값이 나옵니다. 예를 들어 1 이외의 홀수를 넣으면 무한이 되지 않고 오히려 1에 가까운 값이 됩니다.

$$\zeta(3) = \sum_{n=1}^{\infty} \frac{1}{n^3} = 1.20205 \cdots$$

$$\zeta(5) = \sum_{n=1}^{\infty} \frac{1}{n^5} = 1.03692\cdots$$

$$\zeta(7) = \sum_{n=1}^{\infty} \frac{1}{n^7} = 1.00834\cdots$$

$$\zeta(9) = \sum_{n=1}^{\infty} \frac{1}{n^9} = 1.00200\cdots$$

원래 식의 특징을 보면 처음으로 1을 더한 후 점점 더하는 값이 작아지므로 직감적으로 이해할 수 있습니다. 게다가 짝수일 때는 이 제타 함수가 흥미롭게 변합니다.

$$\zeta(0) = -\frac{1}{2}$$

$$\zeta(2) = \sum_{n=1}^{\infty} \frac{1}{n^2} = \frac{\pi^2}{6} = 1.6449\cdots$$

$$\zeta(4) = \sum_{n=1}^{\infty} \frac{1}{n^4} = \frac{\pi^4}{90} = 1.0823\cdots$$

$$\zeta(6) = \sum_{n=1}^{\infty} \frac{1}{n^6} = \frac{\pi^6}{945} = 1.0173\cdots$$

$$\zeta(8) = \sum_{n=1}^{\infty} \frac{1}{n^8} = \frac{\pi^8}{9450} = 1.0040\cdots$$

놀랍게도 값에 π가 등장합니다. 홀수를 대입했을 때도 π가 등장하는 식으로 바꿀 수는 있지만, 짝수와 비교하면 상당히 복잡한 식이 되므로 짝수를 대입할 때 깔끔하게 나오는 식이 매력적으로 느껴집니다.

예를 들어 $\zeta(2)$의 수식을 급수 형태로 적으면 다음과 같습니다.

$$\frac{1}{1^2} + \frac{1}{2^2} + \frac{1}{3^2} + \cdots = \frac{\pi^2}{6}$$

이는 정수 조합의 합으로 원주율을 나타낸 것입니다. 처음 이 식을 보고 예상과 크게 벗어난 결과에 놀람과 동시에 감동까지 받았던 기억이 생생합니다. 이 식은 '바젤 문제'라 부르며 수학자 오일러가 해결한 난제로 알려져 있습니다.

오일러는 제타 함수에 관해 깊게 고찰했으며 '오일러의 곱셈 공식'이라 부르는 신기한 수식도 발견하였습니다. 이 수식은 지금까지 본 제타 함수에 모든 소수 p를 사용하여 다음 식처럼 나타낼 수 있습니다.

$$\zeta(s) = \prod_{p:\text{소수}} \frac{1}{1 - \dfrac{1}{p^s}}$$

Π(파이)는 시그마와 비슷한 뜻을 지닌 기호로 모든 값을 곱한다는 뜻입니다. 다시 말해 Π 옆에 있는 항에 소수를 2부터 순서대로 넣어서 구한 값을 모두 곱합니다. 그렇게 되는 이유를 이해하기는 다소 어려우므로 지금은 그냥 '그렇게 되는 것이다' 정도로 이해해 둡시다.

제타 함수의 신비한 매력을 간단히 살펴봤습니다. 마지막으로 미해결 문제로 이어지는 이야기까지 소개하겠습니다. 지금까지는 s를 양의 정수일 때만 생각했지만, s를 음수와 허수까지 포함하는 복소수의 범위로 넓혀 생각하면 더욱 신비한 일이 일어납니다.

먼저 음의 짝수인 -2, -4, -6의 경우를 생각하려면 '해석적 연속'이라는 함수의 영역을 확장하는 방법이 필요합니다. 결과는 모두 $\zeta(s)=0$이 나옵니다. 이를 자명한 영점(trivial zero)이라고 부릅니다. 아주 알기 쉬운 0이 되는 법칙입니다. 반대로 자명하지 않은 영점도 존재하는 것으로 알려져 있습니다. 이 '비자명한 영점'에 주목하는 가설이 아래의 '리만 가설'이라고 부르는 미해결 문제입니다.

"리만 제타 함수의 모든 비자명한 영점의 실수 부분은 $\frac{1}{2}$이다."

자세한 내용은 218쪽 '리만 가설' 장에서 다룰 예정입니다. s의 값을 이리저리 바꾸면 다양하면서도 의미 있는 결과가 나온다는 것이 제타 함수의 벗어날 수 없는 매력입니다.

함수를 전개하면
깊은 진리에 다가선다

$$f(x) = \sum_{k=0}^{\infty} \frac{f^{(k)}(a)}{k!} (x-a)^k$$

$$= f(a) + \frac{f'(a)}{1!} (x-a)$$

$$+ \frac{f''(a)}{2!} (x-a)^2 + \cdots$$

$$+ \frac{f^{(k)}(a)}{k!} (x-a)^k + \cdots$$

테일러 급수 또는 테일러 전개는 다양한 함수를 정수의 식으로 변형하는 방법입니다. 익혀두면 편하고 유용하지만 실제로는 테일러 급수라는 명칭을 사용하는 일이 적고, 테일러 급수로 도출되는 수식을 활용한 문제가 많이 나오기 때문에 익숙하지 않은 사람도 많을 것입니다. 그런데 이 수식에는 아주 재미있는 이야기가 많이 숨어 있습니다.

예를 들어 $\sin x$라고 하는 함수가 있다고 해보겠습니다. 물론 이 식 그대로 계산할 수 있습니다. 하지만 다른 표기 방법은 없을까 고민 하는 과정이 테일러 급수(전개)의 발상으로 이어집니다.

$$\sin x = a_0 + a_1 x + a_2 x^2 + \cdots + a_n x^n + \cdots$$

만약 위와 같은 함수로 나타낼 수 있다고 한다면 어떤 식이 될까 요? 이 식을 미분해 보면 정수인 a_0이 사라짐과 동시에 제곱의 수가 1 씩 줄어듭니다. 구체적으로는 다음과 같습니다.

$$a_1 + 2a_2 x + \cdots + n a_n x^{n-1} + \cdots$$

좌변의 $\sin x$를 미분하면 $\cos x$가 됩니다. 식은 다음과 같습니다.

$$\cos x = a_1 + 2a_2 x + \cdots + n a_n x^{n-1} + \cdots$$

여기서 $x = 0$을 넣으면 a_1 이외의 모든 것이 0이 되므로 우변은 a_1이 되며 좌변은 $\cos 0 = 1$로 인해 $a_1 = 1$이라는 것을 알 수 있습니다. 미분을 계속하면 a_2 등 순서대로 계수를 구할 수 있습니다. 이 방법이 수학적으로 정확하다고 할 수는 없지만, 정수의 식이 변화하는 형태 는 전달할 수 있습니다. 마지막으로 식은 다음과 같이 변화합니다.

$$\sin x = \frac{x}{1!} - \frac{x^3}{3!} + \frac{x^5}{5!} - \cdots$$

$$\cos x = 1 - \frac{x^2}{2!} + \frac{x^4}{4!} - \cdots$$

주기적으로 sin은 홀수, cos은 짝수의 제곱이 등장하며 sin과 cos은 밀접한 관련이 있다는 것을 알 수 있는 식이 도출됩니다.

고등학교 수학에서 등장하는 함수로 테일러 전개를 하면 재미있는 점이 하나 더 있습니다. 아주 중요한 지수 함수입니다.

$$e^x = 1 + \frac{x}{1!} + \frac{x^2}{2!} + \frac{x^3}{3!} + \cdots$$

sin과 cos을 비교하면 분모에 나오는 수가 1부터 차례대로 나열되어 있으며 테일러 급수는 이 식을 위해 존재하는 것이 아닐까 싶을 정도로 아름다운 식이 되었습니다. 지금 소개한 3가지 수식을 모으면 아름다운 수식을 하나 만들 수 있습니다.

준비 단계로 e^x에 $x = i\theta$를 넣습니다.

$$e^{i\theta} = 1 + \frac{i\theta}{1!} + \frac{(i\theta)^2}{2!} + \frac{(i\theta)^3}{3!} + \cdots$$

$$= 1 + i\frac{\theta}{1!} - \frac{\theta^2}{2!} - i\frac{\theta^3}{3!} + \cdots$$

$$= \left(1 - \frac{\theta^2}{2!} + \frac{\theta^4}{4!} - \frac{\theta^6}{6!} + \cdots\right) + i\left(\theta - \frac{\theta^3}{3!} + \frac{\theta^5}{5!} - \frac{\theta^7}{7!} + \cdots\right)$$

다음과 같이 수식을 실수 부분과 허수 부분으로 나누면 항들의 분모를 홀수와 짝수의 제곱으로 나눌 수 있습니다.

이때 앞선 $\sin x$와 $\cos x$의 식과 비교하면 각각 $x = \theta$를 넣은 값과 실수 부분과 허수 부분이 일치한다는 것을 알 수 있습니다. 따라서 다음과 같은 식을 만들 수 있습니다.

$$e^{i\theta} = \cos\theta + i\sin\theta$$

$\theta = \pi$를 대입하면 1장에서 등장한 오일러 등식(오일러 공식)이 됩니다. 신기하게도 테일러 급수를 이해하고 대표적인 함수를 전개해서 정리하면 오일러 등식으로 이어집니다. 이처럼 일반적인 식이 깊은 진리로 이어지는 모습은 놀랍기 그지없습니다.

운동이란 무엇이고 힘이란 무엇일까?

$$m\,\frac{d^2x}{dt^2}=m\alpha=F$$

'$F=ma$'라는 모습으로 유명한 뉴턴의 운동 방정식은 대표적인 물리학 공식입니다. 수학 수식에 나오는 수는 단순한 수에 불과하지만, 물리학 수식에 나오는 수는 실제 일상의 현상과 물체를 가리키는 물리량이라는 것이 가장 큰 차이입니다.

물체의 질량은 m, 그 물체의 가속도는 α이며 α는 물체의 좌표 x를 시간 t로 2번 미분한 것으로 표현할 수 있습니다. 그리고 각 곱셈이 물체에 걸리는 힘 F를 나타냅니다.

$y=ax$라는 비례식과 $m\alpha=F$를 비교하면 힘과 질량은 비례 관계이고, 마찬가지로 힘과 가속도도 비례 관계입니다. 동일한 질량이더라도 가속도가 크면 걸리는 힘이 커진다는 것은 자연스럽게 이해할

수 있습니다. 따라서 같은 가속도라고 하더라도 무거운 물체를 움직이인다면 힘이 커진다고 생각하는 것 역시 자연스럽습니다.

$$\alpha = \frac{F}{m}$$

식을 위처럼 변형하면 $y = \frac{a}{x}$ 라는 반비례식과 대응시킬 수 있습니다. 질량과 가속도는 반비례 관계라는 뜻입니다. 다시 말해 같은 힘으로 밀어도 물체가 무거우면 가속도는 커지지 않는다는 것입니다. 이 또한 충분히 체감할 수 있습니다.

여기까지만 보면 아주 간단한 식처럼 보이지만, 이 수식에 관한 큰 오해가 있습니다. 일정한 속도로 이동하는 물체에 걸리는 힘에 대한 것입니다. 다음 식에 주목해 볼까요? 특정 물체가 눈앞에 있다고 가정해 보겠습니다.

$$F = m\alpha$$

위 식이 성립하는데, 외부에서 아무런 힘도 가하지 않는 $F = 0$일 때의 물체는 어떻게 설명할 수 있을까요? 즉 눈앞에서 정지한 상태입니다. 힘도 가해지지 않았으므로 그 자리에 정지한 상태를 쉽게 떠올릴 수 있습니다. 그러나 물체가 일정한 속도로 이동하는 경우도 $F = 0$에 해당합니다.

'힘이 가해지지 않는다→ 가속도가 0이다→ 가속도 감속도 하지 않는다'라는 뜻인데 이는 속도가 0으로 멈춘 상황만이 아니라는 뜻입니다. 물론 실제로는 마찰이 없는 공간을 만들기 어려우므로 어디까지나 이상적인 환경에서만 존재하는 이야기입니다. 이렇게 일정 속도로 운동하는 것을 등속 직선 운동이라고 하며 가속도가 0, 즉 F가 0이더라도 같은 속도의 운동을 지속한다는 것이 물리학에서 중요한 '관성의 법칙'입니다. 오해하지 않도록 주의해야 합니다.

가령 지구에서 공을 던질 때 회전과 공기 저항이 없는 상황이라면 수평 방향의 가속도는 0입니다. 반면 수직 방향으로는 아래로 향하는 힘인 중력, 즉 아래로 향하는 가속도가 걸리면서 점점 아래로 떨어진다는 식으로 현상을 이해할 수 있습니다.

물체의 이동 속도가 아주 빠른 경우에는 이 운동 방정식이 성립하지 않습니다. 속도가 빠르다는 기준은 빛의 속도(광속)이므로 '빛의 속도에 가까울수록'이라는 표현이 적절할 듯합니다. 빛의 속도와 비교하면 인간이 관측할 수 있는 물체의 속도는 그보다 압도적으로 느립니다. 따라서 관측 오차를 허용할 수 있지만, 빛의 속도에 가까워지면 '상대성 이론'을 고려해서 운동 방정식을 생각해야 합니다.

이렇게 간단한 수식으로 일상의 현상을 나타낼 수 있다는 것은 주변 현상을 올바르게 이해하는 데 아주 큰 도움이 됩니다. 물리 현상을 나타내는 대표적인 운동 방정식에도 재미있는 이야기가 숨어 있습니다.

전기와 자기는 같은 값이다

$$\text{div } E = \frac{\rho}{\varepsilon_0}$$

$$\text{div } B = 0$$

$$\text{rot } E + \frac{\partial B}{\partial t} = 0$$

$$\text{rot } B - \varepsilon_0 \mu_0 \frac{\partial E}{\partial t} = \mu_0 j$$

물리학 세계에서 활약하는 두 번째 공식은 맥스웰 방정식입니다. 이 식은 처음엔 굉장히 어려워 보이지만, 사실은 뜻하는 바가 무엇인지 아주 쉽게 나타나 있습니다.

간단히 말하면 전기와 자기의 관계성을 네 가지 방정식으로 묶은 대표적인 식입니다. 식들은 각각 의미하는 바가 다르므로 하나씩 살펴보도록 하겠습니다.

$$\text{div}\, E = \frac{\rho}{\varepsilon_0}$$

첫 번째 식은 몇 가지 기호와 div(다이버전스)라는 신기한 문자열이 나열되어 있습니다. E는 전기, ρ는 전하를 나타내며 div는 '발산' 또는 '뿜어져 나오는' 이미지를 떠올려 주세요. 전하가 있으면 그곳에 전기장이 발생한다는 것을 나타내는 식입니다.

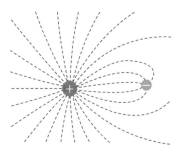

두 번째 식에 나오는 'div'를 살펴보면 이 식이 훨씬 재미있게 보입니다.

$$\text{div}\, B = 0$$

조금 전과 다른 점은 E가 아닌 B로 나타나 있다는 것입니다. B는 자기장을 나타냅니다. 우변이 0이므로 아무 의미 없는 것처럼 보일 수 있습니다. 하지만 이 식은 막대자석을 떠올리면 뜻하는 바를 쉽게 이해할 수 있습니다.

막대자석에는 S극과 N극이 존재하며 N극에서 나온 자력선은 S극으로 돌아갑니다. 즉 이 식에서 우변의 0은 '발산하지 않는다' 또는 '뿜어져 나오던 것이 돌아가고 있다'라는 뜻으로 파악할 수 있습니다. 바꿔 말하면 자기장이 뿜어져 나오는 듯한(발산하는) 자기량은 존재하지 않는다는 것을 나타내는 식입니다.

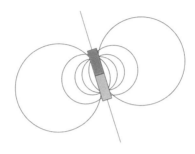

$$\mathrm{rot}\, E + \frac{\partial B}{\partial t} = 0$$

다음으로 세 번째 식과 네 번째 식에는 rot(로테이션)이라는 문자가 있습니다. 그리고 조금 전에 소개한 전기장 E와 자기장 B가 포함되어 있습니다. 기호 ∂는 '라운드 디' 또는 '라운드'라고 읽습니다. 복수의 변수를 가지는 함수를 미분하는 것을 '편미분'이라고 하는데, 편미분을 할 때 사용합니다. 분모 t는 시간을 나타내며 자기장 B의 함수를 시간 t로 편미분한다는 뜻입니다. rot은 '회전'이라는 뜻인데, 이렇게 이해하면 식의 의미가 보입니다.

여기서는 '앙페르의 오른나사 법칙'이 나옵니다. 뜻은 기억나지 않지만 이름을 들어본 사람도 있을 듯합니다. 앙페르의 오른나사 법칙은 자기장이 늘어나면 그 자기장의 주변을 돌듯이 전기장이 발생한다는 것을 시각적으로 나타낸 법칙입니다. 간단히 말하면 자기장이 있는 곳에 전류가 흐른다는 것을 가리키는 식입니다.

$$\mathrm{rot}\, B - \varepsilon_0 \mu_0 \frac{\partial E}{\partial t} = \mu_0 j$$

네 번째 식은 앞선 식의 전기장(E)과 자기장(B)의 위치가 반대로 되어 있습니다. 새로 살펴봐야 할 기호로 j가 등장하는데, 이는 전류를 나타냅니다. 전류가 흐를 때나 전기장에 변화가 있을 때 그 방향의 주변을 돌듯이 자기장이 발생한다는 뜻입니다.

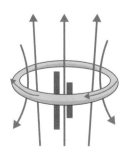

식만 보면 뜻을 알기 힘든 기호가 눈에 띄기 때문에 어려워 보일 수 있습니다. 하지만 실제 상황을 이해하고 상상하면 전자파의 관계성을 표현하는 수식이라는 사실을 쉽게 알 수 있습니다. 물리 현상을 보고 이렇게 간단하고 아름다운 수식을 발견한 맥스웰의 지혜가 감탄스러울 따름입니다.

4장

공식은
위대하다

깊고 깊은 소수의 존재 비율

$$\pi(x) \sim \frac{x}{\log x}$$

2, 3, 5, 7, 11, 13, 17, 19, 23, 29, 31, 37, 41, 43, 47, 53, 59, 61, 67, 71, 73, 79, 83, 89, 97

1과 그 수 이외의 자연수로는 나눌 수 없는 자연수를 소수(素數)라고 부릅니다. 위의 숫자는 100까지 존재하는 소수를 나열한 것으로 총 25개입니다. 1000까지는 168개가 있으며 소수는 무한으로 존재한다는 것이 증명되었습니다. 그러나 소수가 어떤 수이며 어떠한 법칙을 가지고 등장하는지에 관한 문제는 시대를 초월한 수학의 화젯거리입니다.

자연수 안에 존재하는 소수의 비율을 나타내는 정리를 '소수 정리'라고 합니다. $\pi(x)$는 x라는 수보다 작은 수 안에 존재하는 소수의 개수를 나타내는 함수입니다. 이것이 우변의 x를 대수 함수의 $\log x$로 나눈 근삿값이라는 식입니다. 이 가설은 18세기 말에 가우스를 비롯한 사람들이 주장했고 19세기 말에 증명되었습니다.

근삿값은 표로 정리하면 쉽게 이해할 수 있습니다. x가 1,000만 (10^7)까지의 범위에 해당하는 소수의 수와 소수 정리로 도출되는 값의 차이는 아래와 같습니다.

근삿값 정리 표

x	$\pi(x)$	$\pi(x) - \dfrac{x}{\log x}$	$\dfrac{\pi(x)}{\dfrac{x}{\log x}}$
10	4	-0.3	0.921
10^2	25	3.3	1.151
10^3	168	23	1.161
10^4	1,229	143	1.132
10^5	9,592	906	1.104
10^6	78,498	6,116	1.084
10^7	664,579	44,158	1.071

이 정도 자릿수의 소수는 컴퓨터로 간단하게 찾을 수 있습니다. 그러나 예전에는 일일이 찾는 방법밖에 없었습니다. 가장 원시적이며 쉬운 방법으로는 '에라토스테네스의 체'가 있습니다. 다음과 같은 방법입니다.

순서 1   찾고 싶은 수까지 자연수를 모두 작성한다.

순서 2   1에 ×를 표시하고 다음으로 작은 자연수에 ○를 표시

하며 그 수의 배수에 ×를 표시한다.

순서 3   남은 수 중에서 가장 작은 자연수에 ○를 표시하고 마

찬가지로 그 수의 배수에 ×를 표시한다.

순서 4   찾고 싶은 수의 제곱근 값까지 순서 3의 작업을 계속

반복하면 완료된다.

앞서 나온 표에서 중요한 것은 가장 오른쪽 칸입니다. 맨 처음에 나온 수식의 양변을 정리한 것인데, 다시 말하면 비율이 점점 1에 가까워지는 모습이 근사적이라는 것을 나타냅니다.

그러나 이를 통해 정확한 소수의 분포는 알기 어렵습니다. 예를 들어 소수가 어떤 규칙으로 나열되어 있는지 명확히 찾아낼 수는 없습니다. 어디까지나 어떤 값 x까지 소수가 얼마나 있는지 그 비율을 알 수 있을 뿐이라는 사실에 주의해야 합니다.

전 세계 수학자가 최신 수학 이론을 동원해 소수의 출현 빈도를 연구하고 있습니다. 예를 들어 '인접하는 소수끼리의 차이는 얼마인가?'라는 문제도 연구하고 있습니다. 하지만 그 차이가 특정 값 이하라는 식으로 정해진 것은 없고, 간격은 한없이 커진다는 정도가 밝혀진 상태입니다.

바꿔 말하면 소수가 출현하지 않는 범위도 소수가 커짐에 따라

넓어진다는 뜻입니다. 여러 연구로 소수의 진리가 점점 밝혀지는 중이며 다양한 수학 분야에 영향을 주고 있습니다. 소수는 아주 흥미로운 존재입니다.

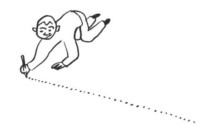

신의 계시를 받은 수학자가 있다

$$1729=1^3+12^3=9^3+10^3$$

스리니바사 라마누잔은 수학식을 말할 때 빠질 수 없는 사람입니다. 그는 '인도의 마술사'라는 별명이 붙을 만큼 자신만이 발견할 수 있는 다양한 공식과 수식을 남겼습니다.

라마누잔의 건강이 나빠져서 입원 중인 시기, 그의 스승인 영국 수학자 하디가 병문안을 왔을 때 나눈 대화에서 '택시 수'라는 유명한 수가 탄생했습니다.

하디는 라마누잔에게 타고 온 택시의 번호판이 딱히 아무런 의미가 없는 숫자 1729였다는 이야기를 했습니다. 그러나 라마누잔은 이를 듣고 곧바로 "1729는 서로 다른 세제곱수 2개의 합으로 나타내는 방법이 두 가지인 가장 작은 수입니다."라고 답했지요. 그가 마술

사라고 불리는 이유, 라마누잔이 떠올린 수식을 '신의 계시'라고 부르는 이유를 알 수 있는 일화입니다.

실제로 1729는 1의 세제곱과 12의 세제곱의 합으로 나타낼 수 있으며 9의 세제곱과 10의 세제곱의 합으로도 나타낼 수 있으므로 라마누잔의 답은 정확했습니다.

$$1729 = 1^3 + 12^3 = 9^3 + 10^3$$

따라서 위의 식은 참입니다. 가장 유명한 택시 수는 1729이지만 택시 수는 '세제곱수 2개의 합이 n가지 방법인 가장 작은 양의 정수'로 정의되어 있으며 $\mathrm{Ta}(n)$으로 나타냅니다. 현재 $\mathrm{Ta}(6)$까지의 값은 정확히 나와 있습니다.

$$\mathrm{Ta}(1) = 2 = 1^3 + 1^3$$
$$\mathrm{Ta}(2) = 1729 = 1^3 + 12^3$$
$$= 9^3 + 10^3$$
$$\mathrm{Ta}(3) = 87539319 = 167^3 + 436^3$$
$$= 228^3 + 423^3$$
$$= 255^3 + 414^3$$
$$\mathrm{Ta}(4) = 6963472309248 = 2421^3 + 19083^3$$
$$= 5436^3 + 18948^3$$

$$=10200^3+18072^3$$

$$=13322^3+16630^3$$

$$\mathrm{Ta}(5)=48988659276962496=38787^3+365757^3$$

$$=107839^3+362753^3$$

$$=205292^3+342952^3$$

$$=221424^3+336588^3$$

$$=231518^3+331954^3$$

$$\mathrm{Ta}(6)=24153319581254312065344$$

$$=582162^3+28906206^3$$

$$=3064173^3+28894803^3$$

$$=8519281^3+28657487^3$$

$$=16218068^3+27093208^3$$

$$=17492496^3+26590452^3$$

$$=18289922^3+26224366^3$$

1729가 세제곱수 2개의 합으로 나타난다는 사실도 놀랍지만, 수가 커질수록 이렇게 다양한 수가 존재한다는 사실이 놀랍습니다.

라마누잔은 19세기 말에 인도 브라만 계급의 가정에서 태어났지만 고등 교육을 받을만한 성적이 나오지 않았습니다. 그러다 15살에 《순수수학요람》이라는 공식집과 만난 뒤로는 독학으로 수학을 배웠고, 증명 방법조차 모르면서도 아주 난해하고 역사적 가치가 있는 수식을 엄청나게 많이 발견했습니다.

당시는 물론 현대 수학자들도 '어떻게 이러한 수식을 떠올리고 발견할 수 있었을까?'라는 생각이 들 정도로 수식들이 난해하고 기묘해서 신의 계시라고 볼 수밖에 없었습니다. 라마누잔 스스로도 "믿을지 모르겠지만, 자는 도중에 꿈에서 나마기리 여신이 나타나 알려주었습니다."라고 말하는 등 수식의 가치는 물론 존재 자체마저 신비하게 느껴질 정도이지요.

수식에 담긴 경이로운 사실을 비롯해 이를 발견하는 수학자의 존재까지 거룩하게 느껴집니다. 마치 신의 진리로 둘러싸인 듯한 느낌을 들게 하는 라마누잔의 일화는 끝없는 수학의 매력과 가능성을 전하고 있습니다.

고대부터 사람들을 완벽하게 매료했다

$$(완전수) = \frac{2^n \times (2^n - 1)}{2}$$

완전수(perfect number)는 특별한 성질을 지닌 수입니다. 그 성질은 '자신을 제외한 약수를 모두 더하면 다시 자기 자신이 되는 수'입니다. 언뜻 보면 간단하고 이 성질을 만족하는 수가 많을 것 같지만 한 자리 숫자는 6, 두 자리 숫자는 28만 존재하는 등 생각보다 많지 않습니다. 그리고 작은 순서대로 6, 28, 496, 8128… 을 포함해 현재 발견된 완전수는 모두 짝수입니다. 홀수인 완전수가 존재하지 않는 이유는 현대 수학으로도 밝히지 못했습니다.

자신을 제외한 약수의 합이 다시 같은 수가 된다는 것은 바꿔 말하면 자신을 포함해서 모든 약수를 더하면 원래 수의 2배가 된다는 뜻입니다.

6의 약수

$\rightarrow 1, 2, 3, 6 \rightarrow 1+2+3+6=12$

28의 약수

$\rightarrow 1, 2, 4, 7, 14, 28 \rightarrow 1+2+4+7+14+28=56$

496의 약수

$\rightarrow 1, 2, 4, 8, 16, 31, 62, 124, 248, 496$

$\rightarrow 1+2+4+8+16+31+62+124+248+496=992$

실제로 이렇게 나타납니다. 여담으로 자신을 제외한 약수를 모두 더했을 때 자기 자신보다 큰 수는 '과잉수', 작은 수는 '부족수'라고 부르기도 합니다. 이름이 완전수를 기준으로 지어진 것을 보면 완전수가 특별한 취급을 받는다는 사실을 알 수 있습니다. 완전수는 또 다른 재미있는 성질을 지니고 있습니다.

$6 = 2 \times 3 = 4 \times 3 \div 2$

$28 = 2 \times 2 \times 7 = 8 \times 7 \div 2$

$496 = 2 \times 2 \times 2 \times 2 \times 31 = 32 \times 31 \div 2$

이렇게 변형하면 차이가 1인 수를 곱한 다음 2로 나눈 수라는 것을 알 수 있습니다. 여기에 분자는 각각 $2^n \times (2^n - 1)$이라는 것을 알 수 있습니다. 참고로 2의 제곱에서 1을 뺀 숫자 중 소수인 것을 '메르센 소수'라고 부릅니다.

$$완전수 = \frac{2^n \times 메르센\ 소수}{2}$$

따라서 위 식이 성립합니다. 자세한 증명은 생략하겠지만 스위스의 수학자 오일러가 이 증명을 발견했습니다.

메르센 소수는 2025년 3월 기준으로 52개가 발견되었습니다. 가장 큰 수는 $2^{136279841} - 1$로 알려져 있으며 십진법으로 표기했을 때 자릿수는 4,102만 4,320자리입니다. 상상도 못 할 만큼 큰 수지요. 식을 통해 알 수 있듯이 메르센 소수의 발견과 완전수의 발견은 관계가 깊습니다. 다시 말해 현재 발견된 완전수도 52개라는 뜻입니다.

완전수 중 6과 28은 특히 '아름다운 수'로 불리며 분야를 초월해 사용되고 있습니다. 개인적으로는 496이라는 수가 1부터 31까지의 합이므로 무언가 깊은 의미가 보이는 수 중 하나라고 생각합니다. 여러분도 여러분만의 의미 있는 수를 찾아보시기 바랍니다.

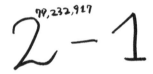

드디어 궁극의 정리가 증명되었다

3 이상의 자연수 n에 대하여
$x^n + y^n = z^n$
이 되는 자연수의 조합 (x, y, z)는
존재하지 않는다

'페르마의 마지막 정리'라고 하면 묘하게 낯익은 느낌이 드는 사람도 있을 것입니다. 한동안 수학을 멀리했던 분도 이 정리의 이름은 들어본 적이 있을 듯합니다. 여러 요인이 겹쳐서 특히 더 유명해진 이 정리를 소개하겠습니다.

페르마의 마지막 정리란 '3 이상의 자연수 n에 대하여 $x^n + y^n = z^n$이 되는 자연수의 조합 (x, y, z)는 존재하지 않는다'라는 것입니다. 이 식이 어떠한 식인지 $n=3$을 직접 대입해서 알아보겠습니다.

$$x^3 + y^3 = z^3$$

시험 삼아 $x=2$를 넣어보면 $8+y^3=z^3$이 됩니다. 이제 y에 1, 2, 3, 4, … 의 값을 넣어보겠습니다.

$$8+1=9=z^3$$
$$8+8=16=z^3$$
$$8+27=35=z^3$$
$$8+64=72=z^3$$

그러면 위와 같이 나오므로 값을 만족하는 자연수 z를 찾으면 됩니다. 그러나 이를 만족하는 수는 적어도 현재 x, y의 값으로는 존재하지 않는다는 것을 알 수 있습니다. 페르마의 마지막 정리는 n, x, y의 값이 그 어떤 수라도 등식을 만족하는 x, y, z의 조합이 존재하지 않는다고 주장합니다.

다시 말하면 $n=3$인 경우를 증명하더라도 $n=4$인 경우가 증명된 것은 아닙니다. n이 3 이상인 모든 수로 일일이 증명해야 하므로 특별한 아이디어가 없다면 이 정리는 증명할 수 없습니다.

이 정리가 유명해진 이유는 여러 가지입니다. 가장 큰 이유는 어린아이라도 계산 개념을 익히면 식의 의미를 이해할 수 있을 만큼 간단함에도 불구하고, 수많은 수학자가 오랫동안 증명에 실패하며 도달하지 못했기 때문입니다. 그 기간이 무려 360년이나 됩니다.

17세기를 대표하는 수학자 피에르 드 페르마는 공부하던 책 여백에 자신이 발견한 것을 메모하는 습관이 있었습니다. 페르마의 죽음 이후, 다른 수학자들이 책에 적혀 있던 여러 메모 내용을 정리했습니다. 그중에서 마지막까지 증명하지 못하고 남은 것이 바로 '페르마의 마지막 정리'입니다.

이 정리가 책 여백에 있는 메모였다는 점에서 증명을 길게 이어 나갈 공간이 별로 없었음을 상상해 볼 수 있습니다. 실제로 페르마는 "이 정리에 관해 나는 참으로 놀라운 증명을 발견했으나, 종이 여백이 그것을 담기엔 부족하다"라고 적었습니다. 페르마가 실제로 이 정리를 완전히 증명했는지를 뒷받침하는 증거는 발견되지 않았습니다. 다만 페르마는 $n=4$일 때의 증명을 발견하고 다른 페이지에 작성했는데, 아마도 이 방법으로 모든 n의 경우를 증명할 수 있다고 생각한 것으로 보입니다.

이 정리가 마침내 증명된 것은 1995년입니다. 영국의 수학자 앤드루 와일스가 1993년에 증명했다고 발표했고, 1년 뒤 일부를 수정해서 1994년에 다시 제출했습니다. 다음 해에 그 증명이 올바르다는 것이 인정되어 역사의 한 페이지를 장식했습니다.

참고로 $n=2$인 경우는 피타고라스 정리와 똑같습니다. 이 정리는 기원전에 발견되었지요. 당시 기록으로 $n=3$인 경우를 연구했다는 사료는 남아 있지 않지만, 어쩌면 기원전에도 페르마의 마지막 정리에 가까운 것을 생각한 사람이 있을지도 모릅니다. 이런저런 역사적인 상상을 자극하는 낭만적인 정리라고 할 수 있겠네요.

수의 여행은 끝나지 않는다

$$k = x^3 + y^3 + z^3$$

이 방정식을 만족하는 세 정수 (x, y, z)를 구해보겠습니다. 바꿔 말하면 세제곱수 3개로 다양한 수를 만드는 것입니다. 단순해 보이지만 실제로는 하나하나 조사해야 합니다.

$$36 = 3^3 + 1^3 + 2^3$$

간단한 것으로는 위와 같은 식이 있지만 조사하는 데 상당한 시간이 걸린 k와 (x, y, z) 조합도 있습니다.

전 세계 수학자들은 1950년대부터 컴퓨터로 이 식이 성립하는 다양한 k를 시도해서 해를 찾았습니다.(해가 존재하지 않는 k도 있습니다.) 마지막까지 미지로 남은 100 이하의 정수는 $k = 33$과 $k = 42$입니다. 겨우 찾은 조합 $k = 33$은 다음과 같습니다.

$$(8866128975287528)^3$$
$$+ (-8778405442862239)^3$$
$$+ (-2736111468807040)^3 = 33$$

$k = 42$의 경우에는,

$$(-80538738812075974)^3$$
$$+ (80435758145817515)^3$$
$$+ (12602123297335631)^3 = 42$$

위의 조합으로 성립합니다. 자릿수도 아주 많고 음수도 있어서 인간의 힘으로 찾기가 거의 불가능해 보이는 거대한 수입니다.

이 2개를 발견하면서 인류는 1부터 100까지의 문제를 모두 해결했습니다. 그러나 이 문제 전체에 종지부가 찍힌 것은 아닙니다. 101부터 1000까지의 k 중 미해결된 수는 2022년 기준으로 '114, 390, 627, 633, 732, 921, 975'로 7개나 남아 있습니다. 만족을 모르는 수학자의 도전은 계속 이어집니다.

물리학과 수학을 관통하는
세기의 미해결 문제

$$\zeta\left(\frac{1}{2}+it\right)=0$$

리만 가설이란 183쪽 제타 함수 이야기에서도 다루었듯이 '리만 제타 함수의 모든 비자명한 영점의 실수 부분은 $\frac{1}{2}$이 된다'라는 것이었습니다.

이는 독일의 수학자 베른하르트 리만이 1859년에 주장한 것으로, 지금도 미해결 문제로 남아 있습니다. 즉 현재 시점에서 증명은 당연히 불가능합니다. 그렇다면 이 식의 매력은 무엇일까요? 그 일부를 소개하겠습니다.

먼저 의미를 조금 더 분석해 보겠습니다. 여기에 등장하는 단어 중에서 이해가 더 필요한 것은 '비자명한 영점'과 '실수 부분은 $\frac{1}{2}$'입니다. 비자명한 영점이란 제타 함수에서도 언급한 것처럼 제타 함수의 값이 0이 되는 s의 값을 생각할 때, 음의 짝수는 모두 0이 되며 이를 '자명한 영점'이라고 부릅니다. 그러나 0이 되는 s는 이뿐만이 아니며 s를 복소수 범위까지 넓히면 추가로 존재합니다. 이 모든 s의 공통점이 '실수 부분이 $\frac{1}{2}$이다'라는 것이 가설의 주장입니다. 여전히 가설로 남아 있으며 증명되지 않았으므로 이러한 s를 '비자명한 영점'이라고 부릅니다. 실수 부분이 $\frac{1}{2}$이라는 것은 예를 들면 다음과 같습니다.

$$s = \frac{1}{2} + i$$

$$s = \frac{1}{2} + 2i$$

i는 허수 단위이며 i를 포함하는 항을 허수 부분이라고 부르고 그렇지 않은 항을 실수 부분이라고 부릅니다. 218쪽에서 맨 처음에 나오는 식 허수 부분에 있는 t는 '모든 실수'를 나타냅니다. $\frac{1}{2}$의 실수 부분은 고정이며 허수 부분이 온갖 값을 가진다는 뜻입니다.

이제 리만 가설의 뜻을 어느 정도 알게 되었습니다. 참고로 복소수는 좌표 형태로 표현할 수 있으므로 그래프로 나타내면 220쪽과 같이 나타납니다.

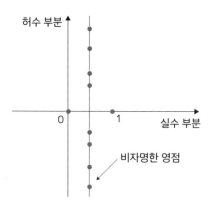

실수 부분$=\frac{1}{2}$의 직선은 일반적인 xy 좌표축에서 $x=\frac{1}{2}$의 직선이라고 이해하면 이 그래프의 형태를 파악할 수 있습니다. 그리고 이 직선 위에 비자명한 영점인 s가 존재한다는 뜻입니다.

리만 본인도 이 가설을 증명하려 했으나 이루지 못했습니다. '실수 부분이 0에서 1 사이에만 영점이 존재한다'라는 것은 밝혀냈지만 그보다 범위를 좁히지는 못한 것이죠. 리만은 영점의 존재 분포를 찾기 위해 몇 가지를 손으로 계산해서 구했다고 합니다. 그것도 sin, cos, log 등을 구사하는 어려운 계산이었으므로 그 고통은 이루 말할 수 없었을 것입니다.

리만 가설은 제타 함수를 다룰 때 '오일러의 곱셈 공식'이라고 부르는 소수를 사용한 수식과 관계가 있다고 설명했습니다. 사실 이 내용은 수학적으로 아주 중요합니다. 리만 가설이 올바르다고 증명되었을 때 어떤 법칙으로 비자명한 영점이 나오는지 밝혀진다면, 소수의 분포를 이해하는 일로도 이어지기 때문입니다. 소수의 분포는 202쪽 소수 정리 이야기에서 현재 어느 정도의 경향은 파악했으나 명확한 증명은 발견되지 않았다고 소개한 바 있습니다.

그 밖에도 리만 가설에 관련된 수학적 주장이 많이 존재합니다. 리만 가설 자체를 확장한 비슷한 가설도 있어서 지속적으로 이목을 끄는 주제라고 할 수 있습니다.

이 가설은 증명되지 않았다는 사실이 흥미를 자극하지만 현재는 컴퓨터의 힘을 빌려 10조 개 정도의 영점과 s가 발견되었고, 이 모든 실수 부분이 $\frac{1}{2}$이라는 것이 확인되었습니다. 물론 단순히 결과만으로 리만 가설이 올바르다고 판단할 수는 없지만, 오히려 '무한'과 '유한'의 커다란 벽을 느끼게 하며 수학이 얼마나 재미있고 흥미로운지를 알 수 있는 부분입니다.

하나의 부등식이
수많은 난문을 증명한다

$$c > d^{1+\varepsilon}$$

ABC 추측은 난해하기로는 리만 가설과 맞먹는 것으로 유명합니다. 정리해서 나타내면 다음과 같습니다.

"$a+b=c$를 만족하는 서로소인 자연수의 조합 (a, b, c)에 대하여 곱 abc의 서로 다른 소인수의 곱을 d로 나타낸다. 이때, 임의의 $\varepsilon > 0$에 대하여 앞선 식을 충족하는 조합 (a, b, c)는 유한개만 존재한다."

2012년 8월 교토대학의 모치즈키 신이치 교수가 증명했다고 주장하면서 유명해진 가설이 바로 ABC 추측입니다. 저 역시 이 문제의 어려운 부분에는 전혀 손을 대지 못하지만, 수식 자체가 무엇을 나타내는지는 비교적 간단합니다.

이 수식의 의미를 좀 더 자세히 설명해 보겠습니다. $a=2$, $b=3$ 일 경우 $c=2+3=5$이고 $abc=2\times3\times5=30$입니다. 이때 곱 abc의 소인수는 2, 3, 5인데, 이들은 서로 다른 소수이며 이 곱의 답인 30이 그대로 d의 값이 됩니다. $a=3$, $b=4$로 두면 $c=3+4=7$이 되고, $abc=3\times4\times7=3\times2^2\times7=84$가 됩니다. 이 경우에는 소인수로 2를 2개 가지게 되므로 d의 값은 $3\times2\times7=42$로 계산합니다.

그리고 d와 c를 비교할 때 아래를 만족하는 개수가 유한하다는 것이 ABC 추측입니다.

$$c>d^{1+\varepsilon}$$

앞선 두 예시는 $c=5$, $d=30$과 $c=7$, $d=42$이므로 우변이 명백히 더 큽니다. 따라서 이 부등식을 만족하지 않습니다. 그럼 마지막에 남은 'ε'을 알아보겠습니다.

$$c>d^{1+\varepsilon}$$

이 기호로 무엇이 바뀌는 것일까요? 사실 ε이 없으면 조건을 충족하는 조합이 무한개가 나와버립니다. $a=1$, $b=8$, $c=9$일 경우, $abc=1\times2^3\times3^2$가 되어 $d=6$이 됩니다.

$$9=c>d=6$$

그러면 이러한 결과가 나옵니다. 이때 c에 9를 제곱한 81, 81을 제곱한 6561을 잡은 경우도 마찬가지로 $c>d$가 되어 조합이 무한개가 나오고 맙니다. 따라서 ABC 추측의 주장인 '유한개밖에 없다'를 만족하지 못합니다.

이때 ε의 의미는 부등식을 만족하는 조합이 유한개로 좁혀진다는 부분입니다. ε은 '0이 아닌 어떤 작은 수라도 좋다'라는 뜻입니다. 다시 말하면 0.1이든 0.01이든 상관이 없고 우변은 d를 아주 약간 크게 하는 것에 그치므로 이로 인해 (a, b, c) 조합의 수가 유한개가 됩니다. ε의 절묘한 조정 능력이 이 식에 재미를 느끼게 하는 요소라고 할 수 있습니다.

이제 ABC 추측의 식이 뜻하는 바를 이해할 수 있습니다. 앞서 말한 대로 이 주장이 올바르다는 것을 증명하려면 아주 어려운 이론을 이해해야 합니다. 모치즈키 교수가 주장하는 ABC 추측의 증명에서 활약한 것은 본인이 직접 개발한 '우주 간 타이히뮐러 이론'입니다. 이는 기존에 볼 수 없었던 새로운 이론으로 알려져 있습니다. 이 이론과 ABC 추측의 결론은 다른 난제 해결에서도 실마리가 되지 않을까 하는 이야기도 있습니다. 계속해서 커다란 뉴스가 등장할지도 모르는 ABC 추측에서 눈을 뗄 수가 없는 이유입니다.

뉴턴의 운동 방정식	$m\dfrac{d^2x}{dt^2}=m\alpha=F$	→ 192쪽
도함수의 식	$f'(a)=\lim\limits_{h\to 0}\dfrac{f(a+h)-f(a)}{h}$	→ 169쪽
등비수열의 합	$S_n=\dfrac{a(1-r^n)}{1-r}$	→ 20쪽
로피탈의 정리	$\lim\limits_{x\to a}\dfrac{f(x)}{g(x)}=\lim\limits_{x\to a}\dfrac{f'(x)}{g'(x)}$	→ 172쪽
리만 가설	$\zeta(s)\left(\dfrac{1}{2}+it\right)=0$	→ 218쪽
맥스웰 방정식	$\operatorname{div}E=\dfrac{\rho}{\varepsilon_0}$ $\operatorname{div}B=0$ $\operatorname{rot}E+\dfrac{\partial B}{\partial t}=0$ $\operatorname{rot}B-\varepsilon_0\mu_0\dfrac{\partial E}{\partial t}=\mu_0 j$	→ 195쪽
무한등비급수의 합 공식	$\dfrac{a(1-r^n)}{1-r}$	→ 83쪽
비에트 원주율	$\dfrac{2}{\pi}=\dfrac{\sqrt{2}}{2}\cdot\dfrac{\sqrt{2+\sqrt{2}}}{2}\cdot\dfrac{\sqrt{2+\sqrt{2+\sqrt{2}}}}{2}\cdot\cdots$	→ 67쪽

삼각함수의 덧셈정리	$\sin(\alpha+\beta)=\sin\alpha\cdot\cos\beta+\cos\alpha\cdot\sin\beta$ $\sin(\alpha-\beta)=\sin\alpha\cdot\cos\beta-\cos\alpha\cdot\sin\beta$ $\cos(\alpha+\beta)=\cos\alpha\cdot\cos\beta-\sin\alpha\cdot\sin\beta$ $\cos(\alpha-\beta)=\cos\alpha\cdot\cos\beta+\sin\alpha\cdot\sin\beta$ $\tan(\alpha+\beta)=\dfrac{\tan\alpha+\tan\beta}{1-\tan\alpha\cdot\tan\beta}$ $\tan(\alpha-\beta)=\dfrac{\tan\alpha-\tan\beta}{1+\tan\alpha\cdot\tan\beta}$	→ 162쪽
샌드위치 정리	$b_n \leqq a_n \leqq c_n$ ↓ $\lim_{n\to\infty} b_n = \lim_{n\to\infty} c_n = \alpha$ ↓ $\lim_{n\to\infty} a_n = \alpha$	→ 165쪽
소수 정리	$\pi(x) \sim \dfrac{x}{\log x}$	→ 202쪽
완전수	$\dfrac{2^n \times (2^n-1)\,(\text{※메르센 소수})}{2}$	→ 210쪽
오일러 등식	$e^{i\pi}+1=0$	→ 68쪽
오일러의 다면체 정리	(꼭짓점의 수) $-$ (변의 수) $+$ (면의 수) $=2$	→ 40쪽

원의 방정식	$x^2 + y^2 = r^2$	→ 29쪽
이차방정식의 근의 공식	$x = \dfrac{-b \pm \sqrt{b^2 - 4ac}}{2a}$	→ 154쪽
이항정리 공식	$(a+b)^n = {}_nC_0 a^n + {}_nC_1 a^{n-1} b$ $+ {}_nC_2 a^{n-2} b^2 + \cdots$ $+ {}_nC_r a^{n-r} b^r + \cdots$ $+ {}_nC_{n-1} ab^{n-1} + {}_nC_n b^n$	→ 52쪽
자연수와 그 거듭제곱의 합	$\displaystyle\sum_{k=1}^{n} k = \dfrac{n(n+1)}{2}$ $\displaystyle\sum_{k=1}^{n} k^2 = \dfrac{n(n+1)(2n+1)}{6}$ $\displaystyle\sum_{k=1}^{n} k^3 = \left\{\dfrac{n(n+1)}{2}\right\}^2$	→ 89쪽
제타 함수와 오일러의 곱셈 공식	$\zeta(s) = \displaystyle\prod_{p:\text{소수}} \dfrac{1}{1 - \dfrac{1}{p^s}}$	→ 183쪽
카디오이드 곡선	$r = a(1 + \cos\theta)$	→ 130쪽
카테너리 곡선	$y = a\left(\dfrac{e^{\frac{x}{a}} + e^{\frac{-x}{a}}}{2}\right)$	→ 132쪽

코사인 법칙	$a^2 = b^2 + c^2 - 2bc\cos A$	→ 158쪽
	$b^2 = c^2 + a^2 - 2ca\cos B$	
	$c^2 = a^2 + b^2 - 2ab\cos C$	

타원 방정식

$$\frac{x^2}{a^2} + \frac{y^2}{b^2} = 1$$

→ 32쪽

테일러 급수

$$f(x) = \sum_{k=0}^{\infty} \frac{f^{(k)}(a)}{k!}(x-a)^k$$

$$= f(a) + \frac{f'(a)}{1!}(x-a)$$

$$+ \frac{f''(a)}{2!}(x-a)^2 + \cdots$$

$$+ \frac{f^{(k)}(a)}{k!}(x-a)^k + \cdots$$

→ 188쪽

페르마의
마지막 정리

3 이상의 자연수 n에 대하여
$x^n + y^n = z^n$이 되는 자연수의 조합
(x, y, z)는 존재하지 않는다.

→ 213쪽

페르마의
소정리

$$a^{p-1} \equiv 1 \ (\bmod\ p)$$

→ 179쪽

포물선 면적 공식

$$\int_{\alpha}^{\beta}(x-\alpha)(x-\beta)dx = -\frac{1}{6}(\beta-\alpha)^3$$

→ 175쪽

표준편차	$\sigma = \sqrt{\dfrac{1}{n}\sum_{i=1}^{n}(x_i - \bar{x})^2}$	→ 148쪽
피보나치 수열	$F_0 = 1,\ F_1 = 1,\ F_n + F_{n+1} = F_{n+2}\ (n \geq 0)$	→ 48쪽
피타고라스 정리	$a^2 + b^2 = c^2$	→ 25쪽
하노이의 탑 공식	$H = 2^n - 1$	→ 123쪽
하트 방정식	$x^2 + (y - \sqrt{\lvert x \rvert}\,)^2 = 1$	→ 127쪽
헤론의 공식	$\triangle \mathrm{ABC}$의 면적 T는 $s = \dfrac{a+b+c}{2}$ 라고 한다면 $T = \sqrt{s(s-a)(s-b)(s-c)}$	→ 34쪽
황금비	$\varphi = \dfrac{1+\sqrt{5}}{2}$	→ 45쪽

옮긴이 강태욱

영남대학교 경영학과를 휴학하고 현재 번역 에이전시 엔터스코리아에서 출판기획 및 일본어 전문 번역가로 활동하고 있다. 주요 역서로는《실전 게임 시나리오 쓰기》,《잠수함의 과학》,《만화로 배우는 기초 논리학》,《전술의 본질》등이 있다.

읽자마자 개념과 원리가 보이는 수학 공식 사전

1판 1쇄 펴낸 날 2025년 4월 10일
1판 2쇄 펴낸 날 2025년 5월 30일

지은이 요코야마 아스키
옮긴이 강태욱

펴낸이 박윤태
펴낸곳 보누스
등록 2001년 8월 17일 제313-2002-179호
주소 서울시 마포구 동교로12안길 31 보누스 4층
전화 02-333-3114
팩스 02-3143-3254
이메일 bonus@bonusbook.co.kr
인스타그램 @bonusbook_publishing

ISBN 978-89-6494-741-8 03410

지식이 터진다! 포텐 시리즈

"문제가 쉽게 풀리는 짜릿한 수학 강의"

이런 수학이라면 포기하지 않을 텐데

신인선 지음 | 256면

"광쌤의 쉽고 명쾌한 물리학 수업"

이런 물리라면 포기하지 않을 텐데

이광조 지음 | 312면

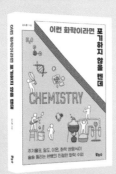

"주기율표, 밀도, 이온, 화학 반응식이
술술 풀리는 촨쌤의 친절한 화학 수업"

이런 화학이라면 포기하지 않을 텐데

김소환 지음 | 280면

"단단한 삶을 위한 철학 수업"

이런 철학이라면 방황하지 않을 텐데

서정욱 지음 | 304면

읽자마자 시리즈

**읽자마자 수학 과학에 써먹는
단위 기호 사전**
이토 유키오 외 지음 | 208면

**읽자마자 원리와 공식이 보이는
수학 기호 사전**
구로기 데쓰노리 지음 | 312면

**읽자마자 개념과 원리가 보이는
수학 공식 사전**
요코야마 아스키 지음 | 232면

**읽자마자 과학의 역사가 보이는
원소 어원 사전**
김성수 지음 | 224면

**읽자마자 이해되는 열역학
교과서**
이광조 지음 | 248면

**읽자마자 우주의 구조가 보이는
우주물리학 사전**
다케다 히로키 지음 | 200면

**읽자마자 문해력 천재가 되는
우리말 어휘 사전**
박혜경 지음 | 256면

**읽자마자 보이는
세계지리 사전**
이찬희 지음 | 304면

**읽자마자 IT 전문가가 되는
네트워크 교과서**
아티클 19 지음 | 176면